知識ゼロから楽しく学べる！

ニュートン先生の

宇宙

講義

はじめに

　私たちの地球は，天の川銀河という星の集団の中にあります。天の川銀河はとても巨大で，端から端へ行くのには，時速200キロの新幹線で約5400億年もかかります。この天の川銀河の中にある恒星の数はなんと数千億個。私たちにとってとても大きな存在である太陽も，その中の一つでしかないのです。さらに宇宙には天の川銀河のような星の集団が，観測できる範囲だけでも1000億個以上も散らばっていると考えられています。宇宙はあまりに壮大なのです。

　しかし，宇宙ははじめからここまで大きかったわけではありません。宇宙は今から138億年前に誕生したと考えられています。誕生直後の宇宙は目には見えないほど小さな小さな点でした。その小さな点が爆発的な膨張をして，その中で光や物質が生まれ，やがて星々がつくられました。こうして138億年の時間をかけて現在の宇宙が形づくられたのです。

　宇宙は現在でも膨張をつづけています。そして遠い未来には宇宙の終わりがやってくると考えられています。しかしどのようにして宇宙が終わりをむかえるのかはいくつかの仮説がとなえられており，明確な答えは得られていません。

　本書は，宇宙についてのニュートン先生の講義です。講義といってもむずかしいものではなく，先生と，科学に興味をもっている生徒の会話です。「宇宙はどれほど広いのか」「宇宙はどうやって誕生したのか」「宇宙に果てはあるのか」「宇宙はいつか終わるのか」といった宇宙の謎や不思議にせまっていきます。この本を読めば，宇宙の誕生から未来にいたる壮大な宇宙の物語を味わうことができるでしょう。

　ニュートン先生の楽しい宇宙の講義を，どうぞお楽しみください。

目次

はじめに…3

1時間目

宇宙はどれほど広いのか

望遠鏡の発達とともに，
宇宙の謎は解き明かされてきた…10

宇宙の単位は桁ちがい！…17

天の川は"川"ではない…20

天の川銀河は，無数の銀河の一つで
しかなかった…24

銀河は運動している！…28

宇宙は膨張している！…32

アインシュタインの予測を裏切った宇宙膨張…35

2 時間目

宇宙はどのようにしてできたのか

宇宙の歴史を遡ると，点に行き着く…42

宇宙は138億年をかけて進化しつづけてきた…48

宇宙は「無」からはじまった!?…51

宇宙は，一瞬で急激な膨張をおこした…52

ビッグバンで，灼熱状態の宇宙が誕生した…55

宇宙誕生から1万分の1秒後，
陽子と中性子が誕生…57

宇宙誕生から38万年後，宇宙が透明になった…61

ビッグバンの証拠の光…64

ガスのかたまりから，宇宙で最初の恒星が誕生…75

光さえ飲み込む「ブラックホール」が誕生…80

小さな銀河のたねが集まって，
巨大な銀河ができた…82

銀河の中心に巨大ブラックホールがある…84

46億年前，ついに地球が誕生した…87

3 時間目
宇宙には"謎"が満ちている

宇宙には謎の重力源「ダークマター」が
存在している…96

ダークマターの正体は,
未発見の素粒子かもしれない…103

ダークマターの分布がわかってきた…106

宇宙膨張は「ダークエネルギー」で
加速している…109

ダークエネルギーの正体は,
天文学の最大級の謎…113

宇宙は,どこまで広がっているのか
わからない…118

宇宙空間は,曲がっている可能性がある…122

宇宙の大きさが無限か有限か,
決着はついていない…128

宇宙の外側にも,別の宇宙が
存在しているのかもしれない…132

4 時間目

宇宙の未来

数十億年後，天の川銀河と
アンドロメダ銀河が大衝突…**140**

1000億年後，超巨大銀河が誕生…**148**

恒星の材料が宇宙からなくなっていく…**152**

10兆年後，長寿命の恒星が死に，
宇宙は輝きを失う…**154**

10^{20}年後の宇宙は，ブラックホールだらけ…**157**

10^{34}年後，原子が消えて
なくなってしまう…**160**

10^{100}年後，ブラックホールが消える…**163**

宇宙はほぼ空っぽになり，時間が消滅する…**167**

宇宙は生まれ変わる!?…**169**

宇宙の終わりはダークエネルギーしだい…**172**

登場人物

ニュートン 先生
科学のさまざまなことを知っているやさしい先生。

ゆうと
勉強はあまり得意ではないけど科学に興味をもつ中学生。

1時間目

宇宙はどれほど広いのか

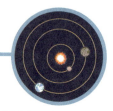

宇宙全体の大きさは, 計測不可能!

私たちが住む太陽系は, 天の川銀河という星の集団の中にあります。そして, その天の川銀河はまた, 宇宙の中に無数にある銀河の一つなのです。宇宙はいったい, どれだけ広いのでしょうか。

望遠鏡の発達とともに, 宇宙の謎は解き明かされてきた

◀ 先生, 今日は**宇宙**について教えてもらいたくてやってきました。
宇宙って**ロマン**がありますよね！
ときどきベランダから星空を眺めるんですけど, 遠い宇宙には**宇宙人**がいるかもしれないと考えると**ワクワク**します！
宇宙のこと, 全然知らないんですけど, ゼロから教えてもらえませんか。

◀ ゆうとさんは宇宙に興味をおもちなんですね！
宇宙はものすごく広くてまだまだ**謎**に満ちています。
宇宙の姿や, **宇宙の過去と未来**など, 宇宙の成り立ちを研究する学問を**宇宙論**といいます。
最新の宇宙論の基本をくわしくお話ししましょう。

◀ 宇宙の過去と未来！？
めっちゃ面白そう！　楽しみです。

◀ それではまず，ごく簡単に**天文学の歴史**からお話ししましょう。
古くから，宇宙とはどのようなものなのかという探求がなされてきました。
今から2000年近く前，エジプトの科学者**プトレマイオス**は，地上から見える惑星の動きなどを分析して，地球を中心に宇宙はまわっているとする**天動説**をとなえました。

1時間目　宇宙はどれほど広いのか

プトレマイオス
(83年ごろ〜168年ごろ)

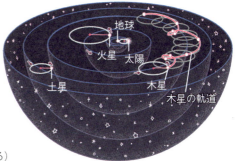

◀ あっ，知ってます！
地球が宇宙の中心だって考えるんですよね。

11

◀ そうです。
プトレマイオスは、火星や木星などの惑星が、地球のまわりを小さな円をえがきながらまわっていると考えました。
このようなプトレマイオスの天動説は、惑星の運動をうまく説明できたため、1000年以上にわたり支持されたんです。
ところが！ 16世紀になって**地動説**をとなえる天文学者が登場します。**ニコラウス・コペルニクス**（1473〜1543）です。コペルニクスは、くわしい**天体観測**から、地球は宇宙の中心ではなく、ほかの惑星と同じように、太陽のまわりを公転していると考えたんです。
これが地動説です。

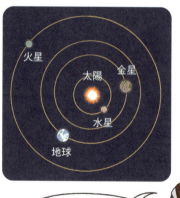

ニコラウス・コペルニクス
（1473〜1543）

◀ しかし、当時の最高権力であった教会が天動説を支持していたこともあり、地動説はなかなか受け入れられませんでした。
そんな中、天文学に革命ともよぶべき発明がなされます。
17世紀初頭、**望遠鏡**が発明されたのです。

◀ 望遠鏡！

◀ 望遠鏡が発明されてすぐ、イタリアの物理学者・天文学者の**ガリレオ・ガリレイ**（1554〜1642）は、口径（光を集めるレンズの直径）4センチメートルの望遠鏡を自作しました。そして、ガリレオは望遠鏡を夜空に向け、単なる球体だと思われていた月の表面が凸凹していること（クレーター）や、木星のまわりをまわる四つの衛星など、**数々の大発見**をしました。

ガリレオ・ガリレイ
（1554〜1642）

1時間目 宇宙はどれほど広いのか

◀ さらにガリレオは，望遠鏡による詳細な天体観測の結果，天動説を否定する事実，すなわち夜空の星ではなく，地球が太陽を中心にまわっているという事実を発見したんです！

◀ ガリレオさんすごい！

◀ また，ほぼ同時代に，ドイツの天文学者**ヨハネス・ケプラー**（1571 〜 1630）や，イギリスの科学者**アイザック・ニュートン**（1642 〜 1727）らによって**数学的にも地動説が支持**され，地動説が受け入れられるようになっていきました。

ヨハネス・ケプラー
（1571 〜 1630）

アイザック・ニュートン
（1642 〜 1727）

◀ ただ、ガリレオは地動説をとなえたことで教会の強い反発にあい、**宗教裁判**にかけられて有罪判決をいい渡されてしまうのです。

◀ **ひどい！**
結局、地動説が正しかったのに……。

◀ そうなんです。**教会が誤りを認めたのは、ガリレオの死後350年たってからでした。**
ともかく、望遠鏡の発明以後、神秘のベールに包まれていた天上の世界は、**科学の力**によって次々に解明されていくことになったのです！

◀ 望遠鏡の登場で、一気に世界が広がったわけですね。

◀ ええ、その通りです。**宇宙のさまざまな謎は、望遠鏡の発達とともに解明されてきたんです！**
そして遠くの宇宙を探るため、時代とともに望遠鏡は大型化していきました。
20世紀初頭、アメリカ、ウィルソン山天文台の**フッカー望遠鏡**は、**口径2.5メートル**に達しました。
そして現在、世界最大級の望遠鏡である、日本の**すばる望遠鏡**（ハワイ）は、**口径8.2メートル**です。

◀ でかい！

1時間目 宇宙はどれほど広いのか

すばる望遠鏡

人の大きさ

◀ さらに，現在では数多くの望遠鏡が宇宙に打ち上げられています。最も有名なのは，**NASA（アメリカ航空宇宙局）**の**ハッブル宇宙望遠鏡**（口径2.4メートル）でしょう。

◀ 望遠鏡そのものを宇宙に打ち上げて観測しているんですか!?　すごすぎる！

ハッブル宇宙望遠鏡

人の大きさ

宇宙の単位は桁ちがい！

これから，宇宙について学ぶうえで欠かせない基本事項を一つ説明しておきます。
それは**距離の単位**です。

距離の単位？
ミリメートルとか，キロメートルとか？

そうです。
しかし，**宇宙は広大すぎるので，キロメートルじゃ不便なんです。**
そこで，太陽系の中では，**天文単位**という単位を使います。
1天文単位は，地球と太陽の平均距離のことで，約1.5億キロメートルに相当します。 天文単位は，auともあらわします。

1.5億キロメートル！

たとえば，太陽系で最も外側に位置する惑星，**海王星**は，太陽から**約30天文単位（30au）** はなれています。

1.5億×30で，**45億キロメートル**ってこと？
うわぁー遠いなぁー。

◀ しかし，太陽系の外を考えはじめると，やはり距離が大きすぎて，天文単位も使いづらくなってきます。
そこで用いられるのが，光年という単位です。光年とは，ある地点から発した光が，1年をかけて到着する地点までの距離のことで，1光年は約9兆4600億キロメートルに相当します。

◀ うっひゃ～！
とんでもない単位ですね。

◀ ええ，すごいでしょう！
光は秒速約30万キロメートルの速さで進みます。地球の直径が約1万2800キロメートルなので，光は1秒間で地球23.5個分の距離を進むことになります。円周で換算すると，約7周半。つまり，光は1秒間に地球を7周半進むことになります。

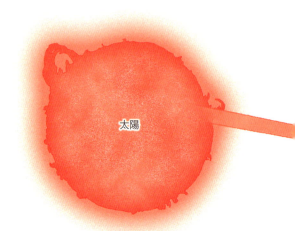

◀ もっと身近な例だと、**東京から大阪（400キロメートルとして計算）**まで、わずか1000分の1.3秒で到達する計算になります。

◀ どっひゃ〜！
じゃあ、太陽から地球までだと、どれくらいで到達するんですか？

◀ 太陽から地球まで光が届くのには、約8分かかります。
つまり、太陽と地球の間の距離は**8光分**と表現できるわけです。
仮に太陽まで時速200キロメートルの新幹線で旅行できたとしたら、**86年**もかかってしまいます。

◀ 新幹線で86年……。
宇宙ってとんでもないスケールなんですね。

天文単位（au）……太陽と地球の間の距離
1天文単位＝約1.5億キロメートル

光年……光が1年で到達する距離
1光年＝約9兆4600億キロメートル

光で約8分

地球

新幹線でおよそ86年

1時間目　宇宙はどれほど広いのか

天の川は"川"ではない

◀ ここからは,宇宙の広さを実感するために,宇宙がどんな**構造**をしているのかをざっと紹介しましょう。まず,**天の川**って知っていますよね？

◀ もちろんです！　夜空に輝く星が川のように見えるやつですよね！

◀ そうですね。天の川が星たちの集まりであることを明らかにしたのは,ガリレオです。
ガリレオは1609年,その前の年に発明されたばかりの望遠鏡を夜空に向けて,天の川が単なる光の帯ではなく,輝く無数の星の集団であることを明らかにしたんです。

◀ へーっ,ガリレオ以前には,天の川が星の集団だって明らかになっていなかったんですね。

◀ ええ。そもそも星たちは,私たちには夜空（天球）というスクリーンに貼りついたように見えますから,すべての天体は同じ距離にあるように感じてしまいます。
しかし実際には,**夜空に広がる星たちと地球の間の距離はさまざまです。**
ですから,天の川の本当の姿を知るには,個々の星までの距離をはかり,天の川の"**立体地図**"をつくらなければなりません。

たしかに,そうですね。

イギリスの天文学者,**ウィリアム・ハーシェル**(1738〜1822)は,天体までの距離測定法が確立されていない当時「星が多く見える夜空の領域は,遠くまで星が広がっているはずだ」と考えました。

ウィリアム・ハーシェル
(1738〜1822)

この仮定は必ずしも正しいわけではなかったのですが,ハーシェルは夜空のさまざまな領域で星の数をかぞえ,1785年,天の川が**円盤状の星の集団**であることを明らかにしました。
さらにその後,天体までの距離が実際にはかられ,天の川の構造が明らかになっていきます。
そして,**天の川は円盤状に集まった星たちの集団で,私たちは,この星たちの集団の中にいることが明らかになったんです。**
このように私たちを取り囲む星たちの集団を**天の川銀河**といいます。次のページのイラストは現在明らかになっている天の川銀河の想像図です。

◀ 私たちは，円盤状の天の川銀河の中にいるため，地上からは天の川銀河の星々がまるで川のような白い帯として見えていたんですね。

◀ はじめて天の川の正体を知りました！

◀ 天の川銀河の円盤の直径はおよそ10万光年で，円盤の厚さは太陽系のあたりで約2000光年です。新幹線なら5400億年もかかってしまう計算になります。

太陽系の位置

そして、その中には**1000億〜数千億個**の恒星が集まっているといわれています。
その一つが、私たちに馴染み深い**太陽**です。

 太陽って、天の川銀河全体で見ると、たった数千億分の1の存在でしかないのか。

 ええ、そういうことになりますね。
太陽は、天の川銀河の中心からかなりはなれた場所に位置しています。つまり私たちは、天の川銀河の外れの方に住んでいるわけですね。

1時間目 宇宙はどれほど広いのか

天の川銀河は，無数の銀河の一つでしかなかった

◀ ちなみに，今からおよそ100年前，「天の川銀河こそが宇宙全体だ」とする見方と，「天の川銀河は数多く存在する銀河の一つにすぎず，宇宙全体はもっと大きい」とする見方が対立し，はげしい論争がおきていたんですよ。

◀ たしかに天の川銀河はめちゃくちゃ大きいので，天の川銀河が宇宙のすべてと思ってしまってもおかしくない気がします。
それで，その論争はどうやって決着が着いたんですか？

◀ 論争に決着をつけたのは，アメリカの天文学者，**エドウィン・ハッブル**（1889〜1953）です。

エドウィン・ハッブル
（1889〜1953）

1924年，ハッブルは，先ほどご紹介したフッカー望遠鏡をつかって，<u>アンドロメダ星雲</u>という星の集団を観測し，地球からアンドロメダ星雲までの距離を求めたのです。すると，その距離は地球から約90万光年にも達することがわかったのです。
これは，当時考えられていた天の川銀河の大きさを明らかにこえていたんですね。

天の川銀河より大きい距離ということは，アンドロメダ星雲は天の川銀河の中にあるんじゃなくて，天の川銀河を突き抜けた，もっと遠くにある天体ってことですか？

その通りです。アンドロメダ星雲は，天の川銀河の外に存在していたんですね。それどころか，アンドロメダ星雲は，天の川銀河以上の大きさをもつ<u>アンドロメダ銀河</u>だったことが明らかになったのです。
つまり，**天の川銀河は宇宙のすべてではなく，宇宙の中にある無数の銀河の一つにすぎなかったのです。**この発見は，人類の宇宙観を大きく塗りかえるものでした。
現在，望遠鏡で観測できる範囲の宇宙には，およそ<u>1000億個以上</u>の銀河が散らばっていると見積もられています。
また，銀河は一様に分布しているわけではなく，数百から数千の銀河が集まって<u>銀河団</u>を形成している領域もあります。

◀ さらに、銀河団が複数集まった超銀河団を形成することもあります。
そしてもっともっと大きなスケールでながめると、これらの銀河団や超銀河団もまたつらなって、イラストのように**巨大なネットワーク**をつくっているようすが見えてきます。

◀ **ヒョエ～!** 網目をつくっているみたいですね。

◀ そうですね。網目や細かな泡が集まっているようすに似ていますね。泡の壁に相当する部分に銀河がつらなっています。そして泡の内部に相当する、直径数億光年にもなる空洞部分には、銀河がほとんど見あたりません。
銀河が見あたらない空洞のことを、天文学では**ボイド**とよんでいます。
このような銀河の分布を、**宇宙の大規模構造**といいます。

◀ うわ〜！
宇宙全体はどれくらいの大きさなんでしょうか？

◀ 宇宙全体の大きさは<u>不明</u>です。
現在，最先端の望遠鏡で観測できる最も遠い天体の光は130億光年程度の距離から地球に到達しています。
ちなみに**130億光年というのは，新幹線で約7京年かかる計算になります**（1京は1兆の1万倍）。

銀河は運動している!

◀ さて、宇宙に無数の銀河が存在することが明らかになると、天文学者たちは「銀河は運動しているのか、運動しているならどのように運動しているのか」について調べはじめました。

◀ 銀河って止まっているんじゃないんですか？

◀ いえいえ、実は銀河は、宇宙空間の中を移動しているんですよ！
普通、何かの運動の速さは、「移動距離÷時間」で求められますが、銀河は遠すぎて、移動距離を直接測定することはできません。しかし天文観測では、**ドップラー効果**を利用して、運動速度を求めることができるんです。

◀ どっぷらーこうか？

◀ はい。たとえば、救急車が近づいてくるとき、サイレンの音が高く聞こえ、遠ざかるときに低く聞こえることがあるでしょう？ これは、音の正体が**空気の波**であるためにおきる現象です。

波の山から山までの長さを<u>波長</u>といいます。高い音は波長が短く（周波数が高い），低い音は波長が長く（周波数が低い）なります。

音源が近づくと，観測者に届く波長は短くなり，遠ざかると波長は長くなります。そのため，救急車が近づいてくると音が高く聞こえ，遠ざかると音が低く聞こえるんですね。

このように，音波を出す物体が近づいたり遠ざかったりすることで周波数が変わる現象のことをドップラー効果というのです。

ふむふむ。

さて，銀河は<u>光</u>を出しています。光の正体は<u>電磁波</u>という波ですから，音波と同様にドップラー効果がおきるんです。

天体の場合，地球に近づくと，天体から発せられた光の波長は短くなって青く見え，遠ざかると波長が長くなって，赤く見えるんです。

地球から見える銀河の色を調べれば，銀河が近づいているか，遠ざかっているかがわかるわけなんですね。

その通りです。また，天体（光源）の運動速度（地球と天体を結んだ方向の速度）が大きいほど，波長の変化も大きくなります。

◀ 光の波長の変化がどれだけなのかを調べれば，運動の速さも計算することができるのです。

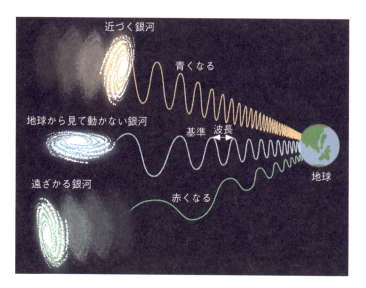

 ◀ アメリカの天文学者**ヴェスト・スライファー**（1875〜1969）が，ドップラー効果を使い，銀河がどのように運動しているかを調べたところ面白いことがわかりました。銀河がもし完全に勝手気ままに運動しているとしたら，地球（天の川銀河）に近づいているものと遠ざかっているものが，ほぼ半々になるはずですよね。でもなんと，ステイファーの分析の結果，**地球から遠ざかる銀河が圧倒的に多いことがわかったんです！**

 えっ，どんどんはなれてっちゃってるんですか!?

◀ そうなんです。さらに1929年，ハッブルがフッカー望遠鏡をつかって，この謎の解明につながる，歴史を変える大発見をします。**なんと，遠い銀河ほど，速く遠ざかっていることがわかったのです。**また，ハッブルの発見の2年前，ベルギーの科学者ジョルジュ・ルメートル（1894〜1966）も同様の発見をしていました。そして，銀河の遠ざかる速度（後退速度）は，地球からの距離に比例していることがわかったのです。この事実はハッブル-ルメートルの法則とよばれています。

ジョルジュ・ルメートル
（1894〜1966）

● ポイント

ハッブル-ルメートルの法則
遠くにある銀河ほど，速く地球から遠ざかっている。

$$v = H_0 \times r$$

v：銀河の後退速度
H_0：ハッブル定数（67.15 [km/(s・Mpc)]）
r：銀河と地球の距離

◀ そして，実は**ハッブル–ルメートルの法則は，宇宙が膨張していることを示しているのです！**
この発見がなされるまで，宇宙はずーっと変わらないと考えられていました。つまり永遠不変のものだと思われてきたんです。
しかし，ハッブルらの発見によって，このような従来の宇宙観はくつがえされました。**宇宙空間は，時間とともに変化していくものだったんです！**

宇宙は膨張している！

◀ ハッブル–ルメートルの法則から，なぜ宇宙が膨張していることになるんですか？
すべての銀河が，私たちが住む天の川銀河を中心にして，"外側"に飛び散っているだけではないんでしょうか？

◀ いいえ，そうではありません。
そもそも，この広大な宇宙の中で私たちの住む天の川銀河が宇宙の中心だと考えるのは，ちょっと都合がよすぎませんか？

◀ たしかに。地球が宇宙の中心だっていうのは，天動説っぽいですね。

でしょう。科学者たちも、天の川銀河が宇宙の中心だとは考えませんでした。これまで積み上げられてきた天文学や物理学の知識をもとに、「宇宙に特別な場所などない」と考えていたのです。これを**宇宙原理**とよびます。

● ポイント

宇宙原理
宇宙には中心や端といった特別な場所はなく、宇宙空間の各点は一様である。

そのため科学者たちは、「**ハッブル-ルメートルの法則は天の川銀河だけでなく、どの銀河から見ても成り立つはずだ**」と考えました。

そのように考えたとき、うまくハッブル-ルメートルの法則を説明するには、宇宙が膨張していると考えるしかなかったのです。

次のページのイラストを見てください。

1は宇宙の中のある領域で、2はその領域が2倍に膨張したことを表現しています。1と2ではマス目の大きさを統一しており、1辺の長さは1です。

1と2を比較すると、天の川銀河から見て、**銀河A**は距離1から、距離2に移動しています。つまり見かけの移動量（速度）は1です。

一方、**銀河B**は距離4から距離8に移動しているので、移動量は4です。

◀ このように，天の川銀河から遠い銀河ほど見かけの移動量（速度）が大きくなります。これは天の川銀河から見て縦横斜め，どの方向でも成り立ちます。

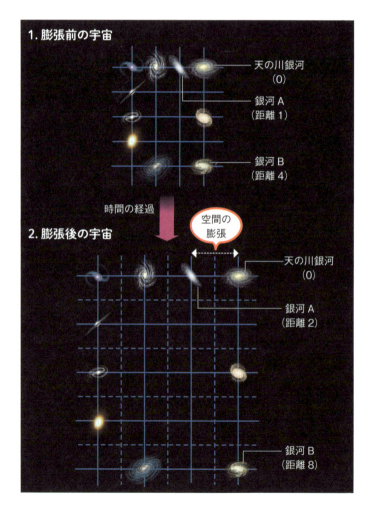

◀ たしかに，銀河までの距離と移動量が比例していますね。

◀ そうです。天の川銀河に限らず，イラストのすべての銀河でハッブル-ルメートルの法則が成り立っています。結局，宇宙原理とハッブル-ルメートルの法則を満たす宇宙とは，このような**膨張する宇宙**なんです。
空間が膨張し，銀河間の距離が伸びるために，銀河が遠ざかるように見えるわけなんですね。

アインシュタインの予測を裏切った宇宙膨張

◀ 実は宇宙が膨張している可能性を指摘したのは，ハッブルやルメートルがはじめてではありません。ハッブル-ルメートルの法則の発見から7年前の1922年，ロシアの科学者**アレクサンドル・フリードマン**（1888～1925）が，理論的な研究によって，宇宙が膨張しうることをすでに報告していたんです。

アレクサンドル・フリードマン
（1888～1925）

◀ しかもフリードマンは，望遠鏡で宇宙を眺めるわけでもなく，紙と鉛筆でこの結論を導きだしたのです！

◀ 天体観測をしないで宇宙膨張を発見するなんて**天才**ですね！

◀ ええ。フリードマンはハッブルの発見の4年前に37歳の若さで亡くなっていますが，その名は宇宙論の歴史に永久に刻まれることでしょう。

◀ フリードマンさんは，なぜ何もないところから，宇宙膨張に思い至ったんですか？

◀ フリードマンは，**一般相対性理論**にもとづいて計算を行なった結果，宇宙膨張にたどり着いたのです。

一般相対性理論とは，1915年にドイツの物理学者，**アルバート・アインシュタイン**（1879～1955）がとなえた，空間や時間，重力についての物理学の理論です。

アルバート・アインシュタイン
（1879～1955）

一般相対性理論は,「空間は伸び縮みできる」ということや,「時間の流れは速くなったり遅くなったりできる」ということを明らかにした理論です。
この理論がベースになり, **フリードマンは「宇宙は収縮したり膨張したりする動的なものだ」と考えたのです。**

空間が伸び縮みし得ることは,すでにアインシュタインによって提唱されていたんですね。

そういうことです。
しかし,一般相対性理論の生みの親であるアインシュタインは,フリードマンの考えに猛反発します。
アインシュタインは,「宇宙は『静的』なはずだ」と考えたのです。つまり,**「宇宙は膨張したり収縮したりはしない」と考えたわけです。**

同じ一般相対性理論を使って,まったく逆の結論に至ったんですか？

ええ。
そしてアインシュタインは,一般相対性理論の基本方程式である「アインシュタイン方程式」の中に,**宇宙定数**(宇宙項)とよばれる定数を意図的に入れました。
そうすることで,強引に,膨張しない宇宙の理論をつくりあげたのです。

アインシュタイン方程式

$$R_{\mu\nu} - \frac{1}{2}g_{\mu\nu}R + \Lambda g_{\mu\nu} = \frac{8\pi G}{c^4}T_{\mu\nu}$$

宇宙定数（宇宙項）
ラムダ
Λ

◀ でも，結局はハッブルさんやルメートルさんによる観測から，宇宙膨張がたしかめられたわけですよね？

◀ ええ。アインシュタインは，ハッブル-ルメートルの法則が発見された後，方程式の中に宇宙定数を入れたことを**「生涯最大のあやまち」**とのべています。
宇宙は，物理学の巨人アインシュタインの想像をもこえていたのです。

◀ アインシュタインでさえ，間違えることあったんですね。
それだけ**宇宙は壮大**ということですね。

2 時間目

宇宙はどのようにしてできたのか

宇宙のはじまり

宇宙は今から138億年前，小さな点からはじまったと考えられています。宇宙はいったい，どのようにしてできたのか，その歴史にせまっていきましょう。

宇宙の歴史を遡ると，点に行き着く

◀ ただでさえ広大な宇宙がさらにどんどん大きくなりつづけているなんて，びっくりしました！ まだちょっと信じられません……。
でも先生，ちょっと気になるんですけど，今，宇宙が膨張しているってことは，昔の宇宙は今よりも小さかったってことですか？

◀ お，鋭い！ そうなんです！
宇宙が膨張しているということは，過去にさかのぼるほど宇宙は小さく，銀河は密集していたことになるんです！

◀ じゃあ，時間をずーっとさかのぼると，宇宙はどこまで小さくなるんでしょうか？

◀ 過去にさかのぼっていくと,宇宙全体はだんだんと小さくなり,やがて**一つの点**につぶれます。
そして,それ以上は過去にさかのぼることはできなくなります。

◀ 点に!?

◀ はい。そして,実は,この時点が**宇宙のはじまり**だと考えられているんです。

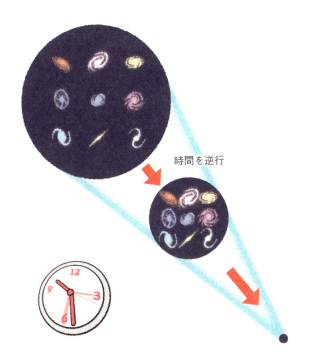

時間を逆行

2時間目 宇宙はどのようにしてできたのか

宇宙のはじまりは点……。想像が追いつきません……。
その，宇宙のはじまりはいったいどれぐらい前なんですか？

 宇宙のはじまりは，今から138億年前だと考えられています。つまり，現在の宇宙は138億歳なんです。

 138億歳⁉

 はい。また，生まれたばかりの宇宙は小さくて，ものすごい**高温**だったと考えられています。はっきりとはわかっていませんが，誕生直後の宇宙は**1兆度**をこえていたと推測されています。

 い，1兆度……。

 はい。さらに，現在のすべての銀河をつくっている物質が，小さな空間に"押しこめられていた"ので，非常に**高密度**だったようです。
また，このような灼熱の宇宙では，物質は**ばらばらの状態**で存在していました。

 物質がばらばらってどういうことですか？

液体の水を加熱すると，気体（水蒸気）になりますよね。液体の水は，水分子がひしめき合った状態ですが，気体になると，水分子がはなればなれになって，自由に空間を飛びかう状態になります。

このように，物体は加熱されると，ばらばらになる傾向があるんです。そのため，誕生直後の灼熱の宇宙には，固体や液体の物質は存在できません。

それどころか，**原子や分子さえも存在しませんでした。**

えっ!?
原子はすべての物質をつくっている最小の部品だって授業で教わりました。それが存在できないって，どういう状態なんですか？

ゆうとさんの言う通り，私たち自身をはじめ，身のまわりのあらゆる物質は**原子**が集まってできています。

さらに原子を細かく見ると，原子の中心には**原子核**があり，そのまわりを**電子**がまわっている構造をしています。

さらに，原子核をもっと細かく見ると，**陽子**と**中性子**でできていて，この陽子と中性子をさらに細かく見ると，複数の**クォーク**という粒子でできています。そして，**これらのクォークや電子はそれ以上分割できないと考えられています。**

2時間目 宇宙はどのようにしてできたのか

うお！ 原子よりもっとずっと細かい部品が あったんですね！

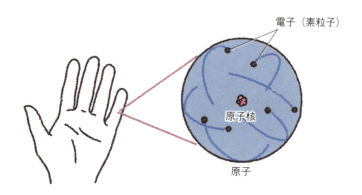

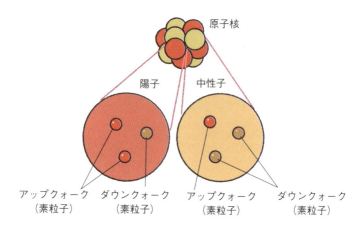

◀ そうです。このように，それ以上分割できない粒子のことを**素粒子**といいます。素粒子こそ**物質の最小単位**なんです。
誕生直後の宇宙では，このような素粒子たちが，ばらばらになって空間を飛びかっていたと考えられているのです。

へええ〜……。ばらばらの状態って，原子でさえもばらばらになってたってことなんですね。素粒子以外のものはなかったんでしょうか？

◀ ええ。宇宙の初期は，素粒子などの小さな粒子が主役です。
恒星や銀河，ブラックホールなどの天体が登場するのは，宇宙誕生から**約3億年後以降**になります。

◀ **3億年後……。** 気が遠くなるなあ。

宇宙は138億年をかけて進化しつづけてきた

◀ 138億年前に生まれた宇宙には、原子すらなかったんですよね。どうやって、たくさんの星や銀河が輝く、現在の宇宙になったのでしょうか？

◀ では、ここで138億年の宇宙の全歴史をおおまかにご説明しましょう。下のイラストは、宇宙の歴史を模式的にえがいたものです。

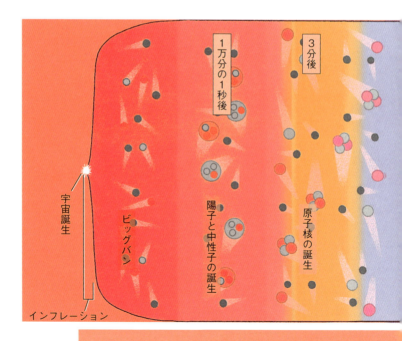

◀ あとでくわしく説明しますから,ここでは概略だけをつかんでおいてくださいね。
まず,誕生直後の宇宙は,素粒子がばらばらになって飛びかう世界でした。

◀ 先ほどお話があった,「灼熱の宇宙」ですね。

◀ はい。その後,宇宙が膨張するにしたがって温度が下がり,しだいに素粒子どうしが結びつきはじめます。
そして宇宙誕生から38万年後に,**原子**が誕生します。

2時間目 宇宙はどのようにしてできたのか

38万年後 — 原子の誕生
2億年後ごろ — 暗黒時代
5億年後ごろまで — 恒星の誕生
— 銀河の成長
92億年後 — 太陽系の誕生
138億年後 — 現在の宇宙

時間の流れ →

へぇー,原子が生まれたのは,宇宙が38万歳のときか。

その後は,天体すら存在しない,**暗黒の時代**がつづくことになります。

「暗黒の時代」か。なんだかかっこいいな。この時代には星もなかったんですか?

はい,しばらくの間はありませんでした。
宇宙で最初の恒星が誕生したのは,宇宙誕生から約3億年後のことです。それ以後,恒星の集団である**銀河**も少しずつ形をなしていきます。さらに,多数の小さな銀河が**衝突**と**合体**をくりかえすことで,今日見られるような,りっぱな銀河が成長していきました。

太陽や私たちの**地球**が生まれたのはいつごろなんでしょうか?

地球をはじめとする「太陽系」が誕生したのは,宇宙誕生から数えると,約92億年後のことです。
今から約46億年前になります。

宇宙は「無」からはじまった!?

ここからは、くわしく宇宙の歴史を見ていきましょう。
まずは**宇宙の誕生**です。
「宇宙はどのようにして誕生したのか?」これは、**人類史上最大の難問**だといえるでしょう。現代の物理学はこの難問に挑戦し、さまざまな仮説が提唱されています。
有力な仮説の一つが、1982年にアメリカの物理学者**アレキサンダー・ビレンキン博士**(1949〜)がとなえた、**無からの宇宙創生論**です。
この理論では、宇宙は無から生まれたと考えます。

アレキサンダー・ビレンキン
(1949〜)

無? 物が何もないってことでしょうか?

◀ ここでいう「無」とは,「物質がない」のはもちろんのこと,「空間すらない」ことを指します。**そのような無から,原子(1ミリメートルの1000万分の1ほど)や,原子核(1ミリメートルの1兆分の1ほど)よりも小さい宇宙が生まれたと考えたのです。**

ビレンキン博士は,物理学を駆使することで,この結論を導きだしました。しかし,無からの宇宙創生論は,証明されたわけではなく,あくまで仮説にすぎません。まだ宇宙の誕生については,はっきりとしたことはわかっていないのです。

宇宙は,一瞬で急激な膨張をおこした

◀ さて先ほど,宇宙をさかのぼると点に行き着くとお話ししました。その宇宙は,生まれた"瞬間"は,原子よりも小さなものでした。
誕生直後,このミクロな宇宙は,想像を絶するほどの急激な膨張をとげた,と考えられています。

◀ 原子より小さいって……,ほとんど何もない"無"みたいな状態ですね。"想像を絶するほど急激"って,どんなレベルなんでしょう。

◀ 1秒の1兆分の1の，1兆分の1の，さらに100億分の1ほどの間（10^{-34}秒）に，宇宙が1兆の1兆倍の，1兆倍の，さらに1000万倍の大きさになった（10^{43}倍）のです。

◀ どっひゃー！

◀ **天文学的数字**という言葉があるように，宇宙や天文学には，とんでもなく大きな数がたびたび登場します。その中でもこれは，群を抜いて大きい数だといえるでしょう。

この誕生直後の宇宙の急激な膨張は，**インフレーション**（inflation＝膨張）とよばれています。1980年ごろに**インフレーション理論**を提唱したアメリカの**アラン・グース博士**（1947～）が，この語を誕生直後の宇宙の膨張の名前としてあてました。

なお，東京大学名誉教授の**佐藤勝彦博士**（1945～）も，同様の理論を独自に提唱したことで知られています。

2時間目 宇宙はどのようにしてできたのか

◀ インフレーションによって，原子よりちっちゃい点が一瞬で巨大化したんですね。

◀ そうです。なお，インフレーションはただの膨張ではありません。**加速度的な膨張**です。
つまり，<mark>時間がたつほど，速度を増していくような膨張だったのです。</mark>

なぜ宇宙はそんな膨張をしたんでしょうか？

インフレーションを引きおこす**何らかのエネルギー**が宇宙に満ちていたと考えられています。しかし，くわしいことはわかっておらず，理論的な研究がつづけられています。

● ポイント

インフレーション
＝加速度的な膨張
誕生直後の宇宙でおきた，急激な膨張

ビッグバンで，灼熱状態の宇宙が誕生した

◀ さて，インフレーションにも終わりがあります。あるときを境に，宇宙の膨張速度は急激に遅くなっていったと考えられています。

疾走していた車が急ブレーキをかけると，タイヤは摩擦熱で熱くなりますよね。これは車の運動のエネルギーが，熱のエネルギーに姿を変えたからです。

インフレーションが終了するときにも，これと同じようにエネルギーの移り変わりがおきました。

それまでの急激な宇宙の膨張が急にストップし，インフレーションを引きおこしていたエネルギーが物質と光やそれらの熱エネルギーに変わったのです。

つまり，**インフレーションが終了すると同時に，宇宙には物質と光が誕生し，高温の世界になったのです。**

この灼熱状態の宇宙の誕生をビッグバンといいます。

● **ポイント**

ビッグバン
灼熱状態の宇宙（火の玉宇宙）の誕生

2時間目　宇宙はどのようにしてできたのか

これが,さっきお聞きした,誕生直後の灼熱の宇宙ですか。

そうです。ビッグバンは,宇宙の誕生を漠然と指す言葉として使われることもあります。**しかし現代宇宙論では,ビッグバンとは,「インフレーション後におきた灼熱状態の宇宙の誕生」という意味で使われます。** ですから,本書でもその意味で使います。灼熱状態の宇宙は,**火の玉宇宙**ともよばれます。

先ほどお話ししたように,このときの宇宙の温度は1兆度以上はあったと推定され,原子すらも存在できません。このとき誕生した物質とは,素粒子のことなんですね。

つまり,無から誕生した宇宙はインフレーションによって膨張し,インフレーションの終了直後に素粒子たちが誕生したのです。

なるほど〜。誕生直後の宇宙は,さまざまな素粒子がばらばらに飛び交っている,灼熱の世界だった,ということですね。

ちなみに,このときの宇宙は,どれくらいの大きさだったんですか？

そもそも現在の宇宙の大きさがはっきりしていないので,なんともいえません。現在,100億光年以上先まで宇宙を観測することができますが,その範囲であれば,当時は**およそ1センチメートル**だったと考えられています。

◀ たったの1センチメートルですか！

◀ なにせ，ビッグバンがおきたのは宇宙誕生から 10^{-34} 秒後程度だと考えられていますからね。**原子よりも小さなものが1センチメートル以上になったわけですから，とてつもない急膨張だったんですよ。**

宇宙誕生から1万分の1秒後，陽子と中性子が誕生

◀ 宇宙誕生から**約1万分の1秒（10^{-4}秒）後**，宇宙の膨張によって，温度は**約1兆度**に下がってきました。
すると，素粒子が飛びかうだけだった宇宙に大きな変化がおとずれます。

◀ 大きな変化!?　いよいよ星の誕生か〜!?

◀ いやいや，進みすぎですって。ばらばらに飛びかっていた素粒子どうしが結びつき，**陽子**と**中性子**が誕生したのです。
水素の原子核は陽子一つなので，このとき，**水素**という元素のもとが宇宙にはじめて生まれた，といえます。

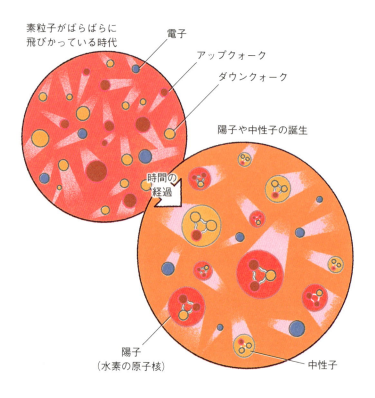

◀ 理科で周期表を習いました。水素は原子番号1番で,周期表の一番最初に登場しますね。ついに原子が誕生したんですね。

◀ 水素は,最も軽い元素(原子核)なんです。原子は,陽子や中性子で構成される原子核のまわりを電子がまわっている構造なので,この段階ではまだ原子が誕生したとはいえないんですね。原子の誕生はもう少し先なんです。

少しずつできていくんですね。

はい。ですから、陽子が誕生したころの宇宙には、周期表に登場するそのほかの元素（原子核）は一つとして存在していなかったんですよ。
さて、宇宙誕生から**約3分後**、宇宙の温度が**10億度**まで下がってくると、ようやく水素以外の元素も誕生しはじめます。
核融合反応によって新たな元素の合成がおきはじめたのです。

かくゆうごうはんのう？

核融合反応とは、原子核（陽子や中性子を含む）どうしが衝突・融合する反応のことです。ばらばらに飛びかっていた陽子や中性子が融合し、さらにそうしてできた原子核にほかの原子核が融合し、より大きな原子核ができていきました。次のイラストは、このときにおきた核融合反応の代表的な例を示しています。

原子核どうしが合体するわけですね！

そういうことです。ビッグバンから20分ほどたつと、宇宙の温度が冷え、核融合反応は終わってしまいます。

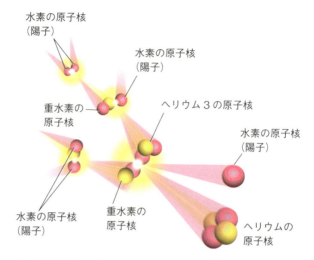

4個の水素原子核（陽子）から，ヘリウムの原子核がつくられる。

◀ 核融合反応がおきるには高温・高密度な状態が必要だからです。
このとき水素に加えてできた元素は，**ヘリウム**（He，原子番号2）とごくわずかな**リチウム**（Li，原子番号3）くらいでした。

◀ へええ〜！　本当に，周期表の順番通りだ。

◀ 現在の宇宙には多様な元素があります。
しかしこのあと3億年程度の間，宇宙にはこの3種類の元素しか存在しなかったのです。初期の宇宙は，物質的な多様性のない宇宙だったといえます。

宇宙誕生から38万年後，宇宙が透明になった

核融合反応によってヘリウム原子核がつくられたあとも，あまりの高温のために，原子核と電子は，ばらばらに空間を飛びかっていました。それから時代は一気に下って，宇宙誕生から約38万年後，宇宙がさらに膨張したことによって，宇宙の温度は3000度程度にまで下がりました。

下がったといっても3000度って想像もつきませんけれど……。

温度が下がるということは，電子や原子核の飛びかう速度が遅くなる，ということを意味します。
そのため電子は，電気的な引力によって，原子核に"つかまる"ようになります。こうして，電子は原子核の周囲をまわるようになりました

ということは，ついに原子ができた……？

その通りです。宇宙誕生から約38万年たってようやく原子が誕生したんです。さらに！　このとき，もう一つ重要なことがおきました。霧がかかったように不透明だった宇宙が，透明になったのです！

宇宙が透明に!?
宇宙ってこのときまで不透明だったんですか？

はい。
原子が誕生する前，電子は空間を自由に飛びかっていました。そのため，光はすぐに電子とぶつかってしまい，まっすぐに進めなかったんです。だから宇宙は霧がかかったように不透明な状態だったんです。

濃霧注意報みたいな感じですか？

そうですね。
霧は微細な水滴の集まりですから，霧の向こう側からやってくる光は，水滴にあたってまっすぐに進めません。そのために，向こう側が見通せないわけです。
それと同様に，原子の誕生前の宇宙では，電子が霧の水滴の役割を果たし，宇宙を不透明にしていたわけです。しかし，原子が誕生して，空間を自由に飛びかう電子がなくなると，光はまっすぐに進めるようになります。これは霧が晴れた（微細な水滴がなくなった）ことに相当します。
宇宙はこのときになってようやく透明になったのです。これを**宇宙の晴れ上がり**とよんでいます。

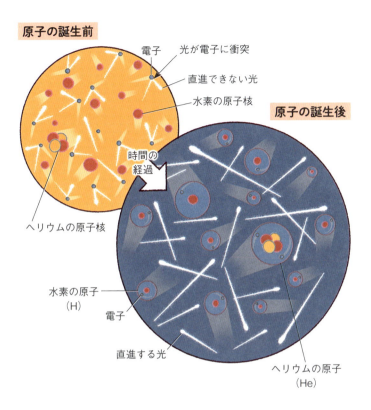

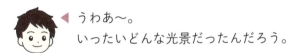
うわあ〜。
いったいどんな光景だったんだろう。

ビッグバンの証拠の光

◀ 宇宙誕生から38万年後，原子が誕生したことで光がまっすぐ進めるようになりました。このときの光はなんと，138億年をかけて<u>現在の地球</u>にも届いているんです。

◀ **えっ！** 138億年前の光を今でも見ることができるんですか!?

◀ ええ。この光を<u>宇宙背景放射</u>といいます。
宇宙背景放射は，原子が誕生する前までに，宇宙空間をまんべんなく満たしていた光です。
このころは宇宙全体が3000度以上もの高温だったため，宇宙全体が光で満ちていたのです。宇宙背景放射は，全天のあらゆる方向から，現在の地球へとやってきています。
まぁ，目に直接見えるわけではないんですけど。

◀ なんだ，見えないんですか？

◀ 私たちは，特定の範囲の長さの波長の電磁波を，可視光として目で見ています。

◀ しかし，138億年前の宇宙で放たれた光は，時間とともに，宇宙空間の膨張の影響で，波長が引き伸ばされてしまいました。その結果，現在は可視光の範囲をこえて波長が引き伸ばされた**マイクロ波**になっているんです。

マイクロ波は，レーダーや電子レンジなどで使われる電磁波で，目でとらえることはできません。

宇宙背景放射

空間の膨張にともなって，光（宇宙背景放射）の波長はのびている

天の川銀河

宇宙背景放射はあらゆる方向からほぼ均等にやってくる
もし別の銀河から観測したとしても，宇宙背景放射はあらゆる方向からほぼ均等にやってくるように見える。

◀ 目で見ることができないのに、どうやって宇宙背景放射なんてものが見つかったんですか？

◀ 宇宙背景放射は、1965年にアメリカの**アーノ・ペンジアス博士**（1933～）と**ロバート・ウィルソン博士**（1936～）によって、はじめて観測されました。興味深いことに、彼らは宇宙背景放射をねらって観測していたわけではありませんでした。
彼らは、マイクロ波の受信機の性能を試験していたときに偶然、測定を邪魔する"ノイズ"の存在に気づきました。このノイズこそ宇宙背景放射だったのです。
ただ、実は多くの人は、知らないうちに宇宙背景放射を見たことがあるんですよ。

◀ いやいや、目には見えないっていってたじゃないですか。

◀ 直接はね。ゆうとさんは**昔のテレビ（アナログテレビ）**は見たことないかな。四角い箱みたいなテレビです。あのテレビでは、番組が放送されていないときに**砂嵐**が映るんです。あれは、テレビ放送に関係ない電波がアンテナに受信されるなどして、画面に表示されたものです。
この、**画面に表示された砂嵐のうち約1％が、宇宙背景放射によるものだといわれているんです。**

砂嵐って，ホラー映画とかでよく出てくるやつですよね！

はははは，今はアナログテレビは一般の家庭にはなかなか残っていないかもしれませんね。
さて，この宇宙背景放射の発見は，宇宙の研究史において，きわめて重要な意味をもっています。
なぜなら，それは灼熱宇宙の誕生「ビッグバン」が，たしかに過去におきたことを示す**証拠**だからです。

証拠？

はい。発見に先立つ1948年，ロシア生まれのアメリカの物理学者**ジョージ・ガモフ博士**（1904〜1968）と，その共同研究者たちは，宇宙は高温・高密度の灼熱状態として誕生したとする**ビッグバン仮説**を提唱しました。しかし，当時はビッグバンについて，否定的な考え方も多くあったのです。

ビッグバンって，すんなり受け入れられたわけではなかったんですね。

◀ そうなんですよ。
一般にあらゆる物体は,その温度に応じた波長の光を出します。ですからガモフ博士らは,「灼熱状態の宇宙には,その温度に応じた光が満ちている」と考え,「現在の宇宙でも観測できるはずだ」と予言していました。

ジョージ・ガモフ
(1904 〜 1968)

● ポイント

ビッグバン仮説
宇宙は,高温・高密度の灼熱の状態で生まれた。

◀ その光が宇宙背景放射ってことですか?

◀ その通りです。
ペンジアス博士とウィルソン博士が発見した宇宙背景放射の波長は,ガモフ博士らが予言していた波長と非常に近いものでした。ペンジアス博士とウィルソン博士は,この業績によって1978年, ノーベル物理学賞 を受賞しています。

◀ ノイズとして偶然観測されたものが、ビッグバンの証拠になり、さらにノーベル賞にまでつながったんですね！

◀ そういうことになりますね。さて、ちょっと話が変わりますが、先ほど、観測可能な範囲は、130億光年ほどとお話ししました。
ではなぜ、130億光年より先は観測できないのかについて考えてみましょう。

◀ たしかに！　なぜなんでしょう。

◀ 光の速さは秒速30万キロメートルです。とても速いですが、無限の速さではありません。つまり、光がある距離を進むには必ず時間がかかるのです。<u>そのため、遠くの物を見るときには、必ず過去の姿を見ていることになります。</u>

◀ **過去の姿？**　どういうことですか？

◀ 太陽から地球まで光は8分かかりますから、今見える太陽は8分前の姿です。それから、最も近くの恒星であるケンタウルス座プロキシマ星は約4光年先にあるので、望遠鏡で見えるのは4年前の姿ということになります。アンドロメダ銀河は250万光年はなれているので、250万年前の姿です（次のページのイラスト）。

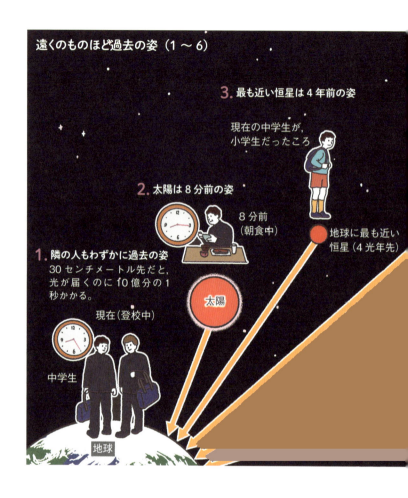

 なるほど。遠くにある天体ほど,古い姿を見ているってことですね。なんだか不思議だな。そういえば,今見えてる星も,光だけが届いていて,実はもう存在していないかもしれない,っていう話を聞いたことがあります。

▶ ええ、それは光がやってくるまでに時間がかかるからですね。さて、先ほどお話しした宇宙背景放射は、約138億年前、原子が誕生したころの38万歳の宇宙からやってきた光です。つまり、宇宙背景放射はそれだけ遠くの宇宙の領域からやってきたことになります。

138億年分,光が旅をしてきたってことですからね。

 はい。それで,先ほどお話ししたように,38万歳以前の宇宙は霧がかかった状態でした。つまり,ここから先の領域からは地球まで光が届かないのです。

 ということは,38万歳以前の宇宙の光は観測できない?

 はい。ですから,別のいい方をすれば,**138億年前に宇宙背景放射の発せられた場所が,「観測できる宇宙」の果てといえるわけです。**

 なるほど〜。何だかスケールがすごすぎてボーッとしてしまうなぁ……。

 そうですよね。
さて,宇宙の歴史に戻りましょう。原子が誕生したあとの宇宙は,とくに大きな変化のない時代が**約2億年間**もつづきます。この時代には太陽のような恒星はもちろん,天体とよべるようなものは存在していなかったと考えられており, **宇宙の暗黒時代**とよばれています。

 2億年も星や天体がないとは,ずいぶん寂しい世界だったんですね。

◀ ほとんど水素とヘリウムのガス(気体)だけがただよう世界でした。
ただ、この時代は、**恒星や銀河などが生まれる環境をゆっくりとはぐくんだ時代ともいえます。**その原動力は**重力**です。

◀ 重力?

◀ 宇宙にただようガスには、わずかながら重さ(質量)がありますから、周囲に重力をおよぼすことができます。
ガスの密度にむらがあると、密度が周囲よりもほんの少し高い領域は、周囲におよぼす重力がわずかに高いため、ガスを周囲から集めます。すると、さらに密度が上がって重力も強くなり、もっともっとガスを周囲から集めるようになります。

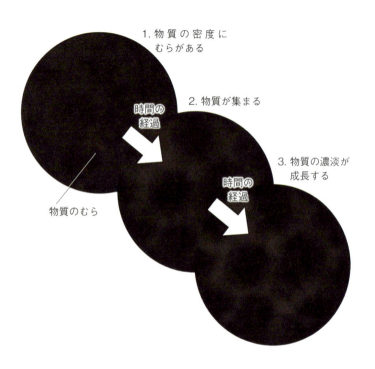

1. 物質の密度にむらがある
2. 物質が集まる
3. 物質の濃淡が成長する

物質のむら

ガスの濃度にむらがあると，濃い部分にどんどんガスが集まってくるんですね。

はい。このようにして，宇宙ではガスの濃淡が少しずつ成長していきました。そして，**宇宙誕生から3億年ほどたつと，ガスの濃い部分から天体が生まれることになります。**

いよいよ星が誕生するんですね！

ガスのかたまりから，宇宙で最初の恒星が誕生

さて，ガスの濃い部分はさらにガスを集め，宇宙誕生から**約3億年**たったころ，あちらこちらで太陽の重さの100分の1くらいのガスのかたまりへと成長しました。
これが"**星の種**"となります。

星の種って，ガスのかたまりなんですか？

はい，そうです。そして，このような星の種が，1万年から10万年をかけて，周囲からガスをさらに集めました。
そして巨大な恒星，**ファーストスター**（第1世代の恒星）へと成長していったのです。
恒星とは，**自ら光り輝く天体**のことです。内部でおきる核融合反応で発生するエネルギーが，輝きの源になっています。

星の種ができてからもさらに長い時間がかかって，やっと輝きはじめたんですねえ……。

ファーストスターは，**非常に巨大**なものが多かったようです。**重さ（質量）は，太陽の数十倍から100倍**だったと考えられています。

◀ また、太陽の表面温度は約6000度ですが、ファーストスターの**表面温度は10万度に達していた**と推定されています。
恒星の色は高温になるほど青白くなるので、ファーストスターは青白く輝いていたことでしょう。**明るさは、太陽の数十万倍〜100万倍**だったと考えられています。

◀ でかい！

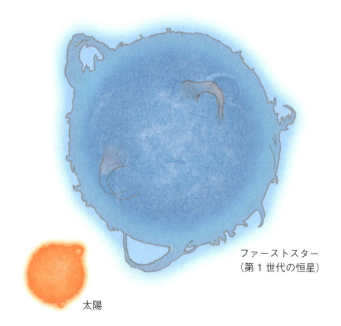

ファーストスター（第1世代の恒星）

太陽

◀ このファーストスターは，元素の製造工場として，宇宙の歴史の中で大きな役割を果たしました。
実は，**この宇宙に存在するさまざまな元素は，ファーストスターが生みだしたんです。**

◀ ファーストスターが元素を生んだ!?

◀ はい。ファーストスター（第1世代の恒星）の中心部では，核融合反応がおきて，水素（元素記号H）の原子核から，ヘリウム（He）の原子核が合成されます。
さらに中心部で水素がつきると，今度はヘリウムの原子核どうしが核融合反応をおこして，炭素（C）の原子核などが合成されます。

◀ 星の内部で，どんどん原子核どうしがくっついていくんですね！

◀ ええ，そうなんです。
恒星の中心部では，軽い元素の原子核が"燃えつきる"たびに，より重い元素の原子核が核融合反応の燃料として使われるようになり，さらに重い元素の原子核が合成されていくんです。

◀ おぉ，まさに元素の製造工場！

◀ そうして，核融合反応がどんどん進み，やがて星が死をむかえる直前になると，最後に鉄（Fe,原子番号26）ができて，核融合反応は終わりをむかえます。鉄は最も安定した原子核で，それ以上の核融合反応がおきないからです。

さらにこのとき，ファーストスターには**大きな変化**がおきます。**恒星を縮める方向にはたらく重力と，恒星を膨らませる方向にはたらくガスの圧力とのバランスがくずれるために，どんどん膨張していくんです。**

ファーストスターの場合，**半径が元の100倍以上**にまで膨れあがったと考えられています。

◀ **ええ～!?** そんな巨大化するんですか。最後に風船みたいにパァーンっていきそうで怖いです！

◀ いやいや，まさにそれがおきるんです。核融合反応を終えた恒星は**超新星爆発**とよばれる大爆発をおこして**死**を迎えます。

ファーストスターは，誕生から**約300万年後**に超新星爆発をおこしたと考えられています。**超新星爆発によって，ファーストスターの内部でつくられたさまざまな元素が宇宙にばらまかれました。そして，爆発のエネルギーによって，鉄より重い元素もつくられた可能性があります。**

こうした元素を材料にして，第2世代以降の恒星がつくられていったんですね。

◀ ファーストスターの中でできた元素が，爆発でばらまかれて，新しい星の材料になったんですね！

2時間目 宇宙はどのようにしてできたのか

光さえ飲み込む「ブラックホール」が誕生

◀ 超新星爆発をおこしたあと，その爆発の中心にはブラックホールが残されます。
ブラックホールは，強い重力によって，あらゆるものを飲み込む，球状の領域のことです。光さえも飲み込まれるんです。

◀ 光も飲み込む……。

◀ この，光さえ飲み込む球状の領域の境界面（球面）を，事象の地平線または事象の地平面といいます。この境界面から内側に飲み込まれると，何物も脱出することはできません。
ですから，ブラックホールの背後にある星からの光は，ブラックホールに飲み込まれて反対側には出てきません。ブラックホール自身も光を出さないので，ブラックホールは文字通り，宇宙空間にあいた黒い穴のように見えることになります。

ファーストスターの後にできたブラックホールの大きさはどれくらいなんですか？

 30キロメートル程度だったと考えられています。

 意外と小さいんですね。今まで「何億光年」とか，とんでもない数ばかりだったので，感覚が麻痺してました。

 ははは，そうですね。このようなブラックホール内部の中心には，理論上，密度が無限大に達する，**特異点**という"点"があると考えられています。**特異点は，もとの恒星の中心部の物質がみずからの重力でつぶれてできたものです。** 重い星の場合，太陽の10倍程度の重さをもつブラックホールが形成されることになり，**その重さはすべて特異点に集中しています。**

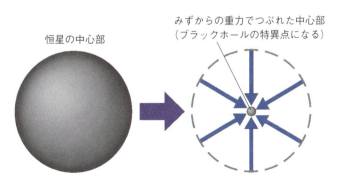

◀ 太陽10個分が1点に集中するって、ものすごい密度なんでしょうね。

◀ ええ。
ファーストスターに限らず、太陽の20倍程度以上の重さの恒星は、その生涯の最期に超新星爆発をおこし、ブラックホールを残します。**このあとの宇宙の歴史の中でも、ブラックホールはつねにつくられつづけました。**

小さな銀河のたねが集まって、巨大な銀河ができた

◀ 宇宙の暗黒時代に成長したガスの濃い部分からは、**銀河**も生まれました。
宇宙で最初にできたのは、比較的少数の恒星からなる"**銀河の種**"（原始銀河）だったと考えられています。

◀ 銀河の種には、星がどれくらい集まっていたんですか？

◀ どれくらいの数の恒星から成るのか、また、いつ誕生したのかはよくわかっていません。
ただし天文観測からは、宇宙誕生から**約5億年後**には、すでに銀河とよべるものが存在していたことがわかっています。

◀ 小さな銀河の種から,どうやって巨大な銀河ができたんだろう。

◀ 原始銀河は,近くの原始銀河と**重力**によって引き合い,**衝突・合体**をくりかえしました。こうして,銀河は,何億年や何十億年という歳月をかけて,小さいものから大きなものへと,"成長"していったと考えられています。

2時間目 宇宙はどのようにしてできたのか

接近する原始銀河たち
衝突・合体する原始銀河たち
さらに衝突・合体する原始銀河たち
成長していく銀河

銀河の中心に巨大ブラックホールがある

◀ 私たちが暮らす天の川銀河も含め，**ほとんどの銀河の中心部には，巨大なブラックホールが存在すると考えられています。**
天文観測によると，その重さは太陽の100万倍から10億倍程度，大きさは半径300万キロメートルから30億キロメートルになります。30億キロメートルといえば，太陽から天王星までの距離に相当します。

● ポイント

銀河の中心には巨大ブラックホールがある
重　さ＝太陽の100万倍から10億倍程度
大きさ＝半径300万キロメートルから
　　　　30億キロメートル

◀ でかい！

◀ 太陽の10億倍程度の重さの超巨大ブラックホールは，宇宙誕生から**8億年後**ごろには，すでに存在していたことが天文観測でわかっています。

さっき,恒星が超新星爆発をおこしたあとに残されるブラックホールの重さは,太陽の10倍程度だってお話でしたけど,桁ちがいの大きさですね!

ええ,そうなんです。
くわしい経緯はわかっていませんが,超巨大ブラックホールのでき方については,大きく分けて二つのパターンが考えられています。
一つは,**小さなブラックホールどうしが重力で引き合い,合体して大きくなるパターン**です。

1. ブラックホールどうしの合体

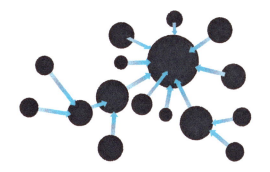

銀河が大きくなるときと似ていますね。

もう一つは,**ブラックホールが周囲のガスや恒星などを飲みこんで成長するパターン**です。

2. 周囲のガスを飲み込む

◀ ただし,「銀河の中ではとても小さな存在のブラックホールが,どのようにして衝突・合体をくりかえすことができたのか」「飲みこんだガスはどこからどのように供給されたのか」「なぜほとんどの銀河で巨大ブラックホールは中心に一つだけ存在するのか」など,詳細についてはよくわかっていません。

◀ ブラックホールは,まだまだ**謎だらけの天体**なんですね。

◀ はい。
なお,**大きい銀河ほど,その中心にあるブラックホールも大きいということが,天文観測からわかっています。**そのため,巨大ブラックホールと銀河の成長には密接な関係があると考えられているんですよ。

46億年前，ついに地球が誕生した

さあ，続いて，いよいよ惑星が生まれ，やがて**地球**を含む**太陽系**が誕生します。

ようやくここまで来たか〜！

宇宙誕生約3億年後にファーストスター（第1世代の恒星）が誕生するまで，宇宙には水素とヘリウムくらいしかありませんでした。
ともにガス（気体）なので，初期宇宙には，ちり（岩石や氷などの微粒子）すら存在しなかったことになります。

そういえば地球は岩石でできていますよね。地球の材料はどうやってできたんでしょうか？

恒星が誕生すると，核融合反応によって，重い元素がつくられ，さらに恒星の爆発などによって重い元素がばらまかれました。こうして宇宙に重い元素がふえていくことで，ちりができていったんです。**地球をはじめとした惑星は，こういったちりをもとにしてつくられていったんです。**

2時間目　宇宙はどのようにしてできたのか

◀ ですから、ファーストスターの周囲には、固体でできた惑星は存在せず、固体でできた惑星は、早くとも第2世代以降の恒星の周囲でしか、誕生できなかったんです。

◀ なるほど。
ちりからどうやって惑星ができるんですか？

◀ まず、宇宙空間でガスの濃い部分が、みずからの重力で収縮していき、**原始の恒星**が誕生します。さらに原始の恒星の周囲には、ガスとちりからなる**円盤（原始惑星系円盤）**が形成されます。この円盤は高速で回転しています。
この円盤内でちりが衝突・合体することで、直径数キロメートルから数十キロメートルの**微惑星**が誕生しました。

1. 原始惑星系円盤

2. 微惑星が形成された原始惑星系円盤

生まれたばかりの恒星

微惑星

ちりが集まってできた微惑星

こうした微惑星がさらに衝突・合体することで，惑星が誕生していったのです。

惑星はちりの集まりの中から生まれたんですね。

はい。
太陽系は，宇宙誕生から92億年後，今から46億年前に誕生しました。**原始の太陽の周囲に円盤が形成され，そこから地球を含む惑星たちが生まれたんです。**

そういえば，木星の表面は分厚いガスでおおわれているって聞いたことがありますけど，本当ですか？ 同じ太陽系の惑星でも地球とはずいぶんちがいますね。

ええ，本当ですよ。地球や火星のような，主に岩石でできた惑星を，**地球型惑星**や**岩石惑星**といいます。
一方，木星や土星のように主にガスでできた大きな惑星を**巨大ガス惑星**といいます。

なぜ，岩石でできた惑星とガスでできた惑星があるんでしょうか？

原始惑星系円盤の中で，恒星に近い場所は温度が高く，水は気体の状態でしか存在できません。そのため，惑星の材料となる円盤のちりの成分は，**岩石や金属**が主となるため，地球のような岩石惑星がつくられるんです。

ふむふむ。

一方，恒星から遠くなると温度が低くなるので，水が固体（氷）として存在できます。岩石や金属に**氷**も加わり，惑星の材料が大量にあるため，そこから形成される原始惑星はとても大きくなります。大きな原始惑星は強い重力によって周囲の**ガス**を引き寄せ，ますます巨大化します。
こうして，巨大な**コア**（もとは原始惑星）に大量のガスが降り積もった，木星（地球の318倍の重さ）のような巨大ガス惑星が形成されます。

じゃあ，太陽から近くの惑星は，主に岩石からできていて，遠くの惑星はガスからできているということですか？

ええ。そういうことです。太陽から近い水星，金星，地球，火星は岩石惑星です。
一方，木星，土星は巨大ガス惑星です。

すい，きん，ち，か，もく，ど，てん，かい……。
てんとかいは？

比較的外側にある，天王星と海王星ですね。
これらは，主に水やメタンの氷でできており，**巨大氷惑星**に分類されます。

また新たなタイプですね。
巨大氷惑星はどうやってできるんですか？

原始惑星系円盤のガスは，中心の恒星に落ちていくなどし，数百万年でなくなります。
恒星から遠すぎると，原始惑星の成長は遅くなり，周囲のガスを引きつけて巨大化するに至りません。そうして，氷を主成分とした巨大氷惑星となるんです。

なるほど〜。恒星からの距離で，惑星のタイプが決まるわけですね。

太陽　　水星　　金星　　地球　　火星

岩石惑星

はい。
また，近年の天文観測では，太陽以外の恒星の周囲にも惑星が多数見つかっています。これらを**系外惑星**といいます。

太陽系の外の惑星かぁ。
系外惑星は，いくつくらい見つかっているんですか？

2021年2月の段階で，**4400個以上**が見つかっています。その中には，恒星のすぐそばをまわる巨大ガス惑星**ホット・ジュピター**や，極端な楕円軌道で公転する**エキセントリック・プラネット**など，太陽系の惑星たちとは大きくことなる惑星もあるんですよ。
これらの惑星は，太陽系の惑星と似たような過程で形成されたあと，元の位置から"移動"したのだと考えられています。

| 木星 | 土星 | 天王星 | 海王星 |

巨大ガス惑星　　　　巨大氷惑星

◀ たとえば，複数の原始惑星が重力をおよぼし合った結果，軌道が乱されて，観測された軌道に移ったとする説が考えられています。

● ポイント

地球型惑星，岩石惑星
　主に岩石でできた惑星
　（地球や火星など）

巨大ガス惑星
　主にガスでできた大きな惑星
　（木星や土星など）

巨大氷惑星
　主に水やメタンの氷でできた惑星
　（天王星や海王星など）

3時間目

宇宙には"謎"が満ちている

宇宙には謎の物質が満ちている !?

宇宙には，謎の物質が満ちているといいます。なんと宇宙の成分の 95％はわかっていないのです！　宇宙に満ちる謎のエネルギーとは？　宇宙に果てはあるのか？　など，宇宙の謎にせまっていきましょう。

宇宙には謎の重力源「ダークマター」が存在している

◀ 3時間目では，現代宇宙論が直面している難問**宇宙に存在する見えない何か**に焦点をあてます。
実は宇宙には，さまざまな天文観測によって，目に見えない未知の物質が大量に存在していることがわかっているんです。

◀ 未知の物質 !?

ええ。その未知の物質は**ダークマター**(暗黒物質)とよばれています。
宇宙の主役は輝く星たちだと考えられがちですが、実はそうではなく、ダークマターこそが真の主役であり、輝く星たちはむしろ脇役にすぎないかもしれないのです。

そうなんですか!?
宇宙ってやっぱすごいな……。「ダークマター」って、目に見えないんですよね？ 存在していることは確実なんですか？

はい。ダークマターが存在しないとつじつまが合わない現象が、たくさん観測されているんです。
たとえば天の川銀河のような「渦巻銀河」は、数億年をかけて回転しています。
この回転速度を調べてみたところ、奇妙なことに、**天の川銀河の中心に近い場所も、外縁付近も、回転速度がほとんど変わらないのです！**

……えーと、どういうことでしょうか？

ハンマー投げを考えてみてください。
ハンマーを回している間、ハンマーを**引っ張る力**と**遠心力**は釣り合っています。
両者が釣り合わないと、円運動は保たれません。

◀ 同じように,太陽系の惑星も,太陽に引っ張られる重力(万有引力)と遠心力が釣り合って回転しています。

太陽系の場合,太陽の重力は遠くなるほど弱くなるので,遠心力も弱くてすみます。

そのため,外側の惑星ほど回転速度が遅くなるはずです。

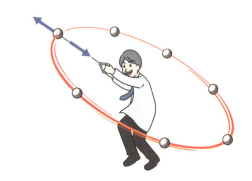

◀ 太陽系の最も内側にある水星は,地球とか火星とかよりも速いスピードで,太陽のまわりを回っているはずだということですね。

◀ ええ,その通りです。しかし銀河の場合,これが成り立たないのです。
渦巻銀河は,中心に恒星が集中しています。これは強力な重力源である太陽が中心にある太陽系と似ています。

◀ そう考えると,太陽系と同じように,中心から遠いほど回転速度は遅くなりそうです。

◀ ええ。しかし,実際にはそうはなっておらず,外縁部の回転速度は内側とほぼ同じなのです。これをうまく説明するには,**銀河をダークマターがおおっていると仮定し,その重力の効果を計算に入れる必要があります。**

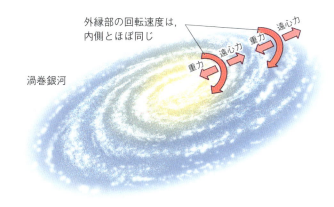

また，銀河団の観測でも，ダークマターの存在が示唆されています。銀河団の個々の銀河は，銀河団の中で，さまざまな方向に運動しています。しかも銀河たちは，ちりぢりになってもおかしくないほど，猛烈ないきおいで運動しています。しかし，実際には銀河団はまとまりを保っており，ちりぢりにはなっていません。

銀河どうしが重力で引き合っているからではないんですか？

おっ，鋭いですね。でも，目に見える銀河の重力では全然足りないんです。結局，銀河団をダークマターが覆い，その重力で銀河全体をつなぎとめていると考えると，説明がつくのです。

うーむ。ダークマターの正体っていったい何なのでしょうか？

その正体は，謎です。
まず，ダークマターではないかと疑われるのは，あまりに暗くて望遠鏡では見えないような天体たちです。
たとえば，**惑星，小惑星，褐色矮星**（小さすぎて核融合反応をおこせない，暗いガス状の星），宇宙空間を漂う**水素ガス，中性子星**（ほとんど中性子だけでできた高密度な天体），**ブラックホール**などが考えられます。

3. 水素ガス（暗黒星雲など）
宇宙には、比較的密度が濃い水素ガスが存在している領域がある。こういった領域のうち、ちりを多く含むものは、背後の天体の光をさえぎり、影としてみえる場合がある（暗黒星雲：イラストの暗い雲状のもの）。

2. 褐色矮星
恒星のように核融合をおこして輝いてはいない。

4. 中性子星
イラストでは、両極付近から電波のビームを出している中性子星（パルサー）をえがいた。中性子星は、核融合で輝く恒星ではない。

1. 惑星や小惑星
恒星とちがってみずからは輝かない。太陽系の惑星や小惑星が明るくみえるのは太陽光を反射して輝いているから。

5. ブラックホール
光すら飲みこむ強力な重力をもつ天体。いわば宇宙空間にあいた黒い穴といえる。周囲にガスが存在すると、飲みこまれるガスが熱せられて輝くが、周囲に何もなければ暗くなる。

6. すべての元素は原子からできている
ダークマターは、下のイラストのような原子をもとにしてできた物質ではないと考えられている。

3時間目 宇宙には"謎"が満ちている

◀ 観測しづらい天体たちですね。

◀ はい。ただ、どうもこれらの候補はダークマターではなさそうなのです。

というのも，惑星，小惑星，褐色矮星は，何らかの元素からできています。つまりミクロな視点で見れば，原子の構造をもっています。
中性子星とブラックホールも，元々は恒星の中心部分だったものなので，もとをただせば何らかの元素からできています。

ダークマターが元素でできていちゃだめなんですか？

だめなんです。
現在の宇宙論では，あらゆる元素のもととなった陽子や中性子の，全宇宙での存在量が推定されています。
しかしその推定される元素の存在量では，見えない重力源，すなわちダークマターを説明するのには，まったく足りないのです。

元素じゃ足りない!?

はい。そのため今では，ダークマターは元素をもとにしてできた物質ではないと考えられています。

ダークマターの正体は、未発見の素粒子かもしれない

ダークマターの正体は謎ですが、現在のところ、三つの性質をもつと考えられています。まず一つ目は、**見えない**という性質です。
これは、**ダークマターがあらゆる電磁波を出さず、電磁波を反射したり吸収したりもしないことを意味します。**
これまでどのような観測でもダークマターを直接とらえることができていないことから考えられる性質です。

目で見えないなんて不思議すぎる！

二つ目は、**普通の物質をすり抜ける**という性質です。
つまり、人体だろうが地球だろうがおかまいなしにすり抜けてしまうんですね。
この特徴は、ダークマターが「**電気をおびていない**」といいかえることもできます。というのも、物質を構成する原子の中には、マイナスの電気をおびた電子が含まれているんですね。もしダークマターの粒子がプラスかマイナスの電気をおびていれば、電子との間に、引力もしくは反発力がはたらくため、物質をすり抜けることはできないはずです。

◀ なるほど。

◀ 三つ目は，**周囲に重力をおよぼす**という性質です。これは，ダークマターが「質量をもつ」ということを意味します。質量をもつ物質が存在すると，周囲に重力がはたらくからです。
宇宙の観測などから，ダークマターの重力を質量に換算すると，宇宙全体には，観測できる物質の5〜6倍のダークマターが存在すると推測されています。
こうした特徴から，<mark>ダークマターは，未発見の素粒子でできているのではないかと考えられています。</mark>

◀ 未発見の素粒子!?

◀ はい。
現在知られている素粒子（それ以上分割できない粒子）は，上記の特徴をみたしません。
ですから，新規の素粒子がダークマターの正体だと考えられるのです。

● **ポイント**

ダークマターの性質

①見えない
可視光だけでなく,どんな波長の電磁波(電波・赤外線・紫外線・X線・ガンマ線)でも見る(観測する)ことができない。

②普通の物質をすり抜ける
普通の物質(元素からなる物質)とほとんど相互作用しない。

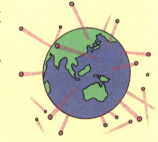

③質量をもつ
普通の物質と同じように,質量の大きさに応じて周囲に重力をおよぼす。

3時間目 宇宙には"謎"が満ちている

ダークマターの分布がわかってきた

◀ ダークマターは,いまだ発見されておらず,直接観測することもできていません。
しかし,**ダークマターが宇宙のどこにどれくらい存在していそうか,その分布はわかってきているんですよ。**
国際プロジェクト「COSMOS」によって,2007年にダークマターの分布が画像化されたんです。

ダークマターの分布

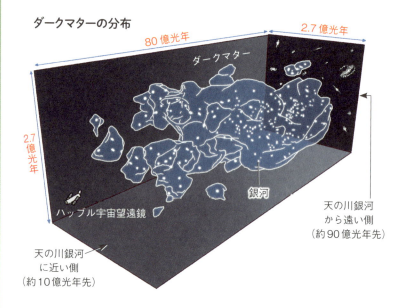

えっ,ダークマターは直接観測できないのに,どこにあるのかなんて,なぜわかったんですか？

 鍵となるのは**重力**です。
天体と地球の間に,巨大な重力をもつものがあれば,天体からの光が曲げられ,レンズのはたらきをすることが知られています。
これを**重力レンズ効果**といいます。この重力レンズ効果がCOSMOSでは使われたんですよ。

重力レンズ効果

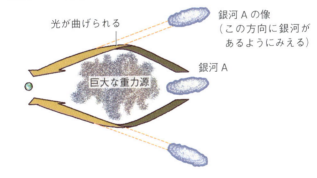

 光が曲がる？

 はい。とても不思議な現象ですが,重力レンズ効果は,理論的にも観測的にも確認された事実です。
私たちは重力が弱い地球に住んでいるので,重力による光の曲がりに気づかないだけなのです。

◀ 不思議だなぁ。それで，重力レンズ効果から，どうやってダークマターの分布がわかったのでしょうか？

◀ 地上から銀河を観測して，ゆがみが大きい銀河と地球の間には重力レンズ効果を生じさせているダークマターが多く存在し，ゆがみが小さい銀河と地球の間にはダークマターがあまり存在しないことになります。

このようにしてCOSMOSでは，50万個の銀河の形状を調べて，ダークマターの3次元的な分布を求めたのです。

◀ **50万個の銀河を調査！**
すごいな！ COSMOSの結果から，何かわかったことはあるんでしょうか？

◀ ダークマターの分布は，銀河の大規模構造をすっぽりとおおうものでした。

理論的な研究によると，初期の宇宙では，まずダークマターがわずかな分布のむらを成長させて"ダークマターの大規模構造"をつくり，その重力によって，原子からなる普通の物質があとからその中に引き寄せられ，銀河の大規模構造がつくられたと考えられています。

COSMOSの観測結果は，この予測を裏づけるものだったんです。

宇宙膨張は「ダークエネルギー」で加速している

◀ ダークマターだけではなく，宇宙には**未知のエネルギー**があるとも考えられています。

◀ **未知のエネルギー!?**
宇宙って本当に謎だらけですね。一体どんなエネルギーなんですか？

◀ 1時間目で，宇宙は膨張しているとお話ししました。かつて，宇宙が膨張する速度は徐々に遅くなってきているはずだと考えられていました。たとえば，車はアクセルを踏まないかぎり，地面との摩擦や空気抵抗などの力がはたらき，それがブレーキとなって減速していきます。宇宙の膨張も同じように減速するはずだと考えられたわけです。

◀ へぇえ〜。宇宙にもやっぱり摩擦とか空気抵抗みたいなものがあるわけですか。

◀ 宇宙膨張の"ブレーキ役"は，銀河やダークマターによる**重力**です。重力は，宇宙膨張を減速させる方向（収縮させる方向）に作用するんですね。

◀ じゃあ，重力に引っ張られて，宇宙の膨張はいつかは止まるんですね。

◀ そうなりそうですよね。しかし、実際にはそうではなかったんです。1998年、遠い宇宙にある**Ia型超新星**という天体の観測によって、宇宙膨張の速度は速くなってきている、つまり**加速**していることがわかったんです。

◀ **加速している!?**
なぜそんなことがわかったんですか？

◀ 1時間目にお話しした宇宙膨張の発見と同じような原理です。Ia型超新星というのは、恒星の外層が放出され、中心だけが残った**白色矮星**という星がおこす爆発です。
白色矮星の近くの恒星からガスが降り積もって、白色矮星が限界の重さ（質量）に達すると**核爆発**がおき、白色矮星ごと吹き飛びます。
Ia型超新星はどれも、爆発をおこすときの限界の質量が同じなため、「本当の明るさ」がほぼ一定です。そのため、「見かけの明るさ」（地球から見える明るさ。距離によって変わる）を比較すれば、Ia型超新星、そしてIa型超新星が属する銀河までの距離が精密にわかります。

◀ まず距離をはかるわけですね。

◀ さらに、ドップラー効果によって、Ia型超新星が属する銀河の後退速度がわかり、そこから宇宙の膨張速度もわかります。

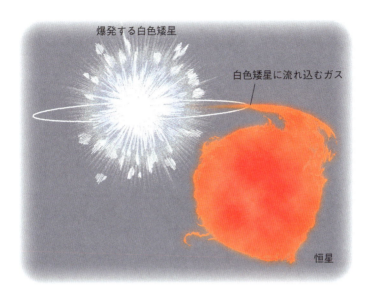

天体が近づいてると光の波長が短くなって、遠ざかると長くなるという。
ともかく、Ia型超新星を調べれば、地球からの距離と後退速度がわかるんですね。

そういうことです。さらにポイントになるのは、**遠くの天体ほど「過去の姿」が見えているという点です。**
Ia型超新星はさまざまな銀河に存在し、数十億光年といった遠くでも観測できます。遠くの宇宙は過去の宇宙ですから、遠くのIa型超新星を観測すれば、過去の宇宙の膨張速度を知ることができます。

◀ すごいなあ。
いろんな距離のIa型超新星を調べれば,各時代の膨張速度がわかりそうですね。

◀ ええ,まさにその通りなんです。
このような方法で,二つの独立した国際チームが,さまざまなIa型超新星を観測し,宇宙の歴史の中で宇宙の膨張速度がどう変化してきたかを検証しました。その結果,宇宙膨張が加速していることが明らかになったのです。

◀ へええ〜! でも何か不気味ですね。
重力で膨張のスピードは落ちていくはずなのに,何で加速してるんだろ……。

◀ そうですよね。そこで科学者たちは,宇宙空間には**ダークエネルギー(暗黒エネルギー)**という未知のエネルギーが満ちており,それが宇宙膨張の"アクセル役"を果たしているのだと考えたのです。
宇宙には,先ほどお話ししたダークマター以上に不思議な**"見えない何か"**が満ちているようなのです。

◀ 見えない何かがアクセルを踏み続けていているってことですか。
宇宙ってとほうもないですね。

ダークエネルギーの正体は，天文学の最大級の謎

ダークマターは，未発見の素粒子かもしれないということでしたよね。じゃあ，ダークエネルギーっていったい何なのですか？

宇宙は，加速膨張をしていることがわかっています。さまざまな研究により，これは，宇宙を収縮させる重力に，空間の斥力（反発力）が勝っているためだと考えられています。
この空間の斥力の正体が，ダークエネルギーと考えられています。

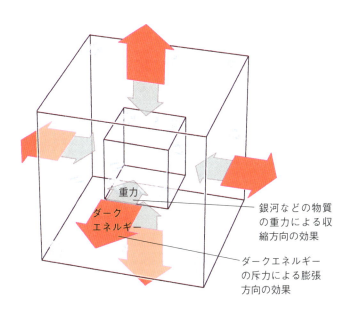

銀河などの物質の重力による収縮方向の効果

ダークエネルギーの斥力による膨張方向の効果

◀ **ダークマター**は見えないとはいえ，未発見の素粒子かもしれないということで，その姿は「粒子」としてイメージできます。
一方，**ダークエネルギー**は，「宇宙空間に均一に満ちている」と考えられています。
そして，宇宙の中のある領域から，ダークマターの粒子を含むすべての物質を取りのぞいて真空にしたとしても，ダークエネルギーはまだその空間に満ちていると考えらているのです。

◀ 真空にしても残る!?
そんなのアリなんですか？

◀ そうですね。ダークエネルギーは，空間（真空）自体がもつ性質のようなもの，ともいえるのです。そのため，ダークエネルギーは，宇宙が膨張しても"薄まらない"と考えられています。
ダークエネルギーの正体は不明で，その解明は宇宙論・天文学・物理学における**最大級の難問**になっています。

◀ 真空にしてもなくならない。膨張しても薄まらない。物質というより，性質。奇妙すぎます！

◀ 面白いことに，ダークエネルギーの存在が明らかになるずっと前の1917年に，アインシュタインがダークエネルギーとほとんど同じものの存在を**予言**していました。

◀ それが1時間目でも説明した**宇宙定数（宇宙項）**です（37ページ）。

◀ 宇宙定数って，静的な宇宙をつくりあげるために，無理やり入れたものでしたよね。
のちに「生涯最大のあやまりだった」って認めていたという……。

◀ そうなんです。もともとアインシュタインは，空間の**斥力（反発力）**をおよぼす項として宇宙定数を入れました。そうすることで，銀河などによる重力と，宇宙定数による斥力が打ち消し合い，宇宙は膨張や収縮をせず，一定の姿を保つと考えたわけです。
しかし後にハッブル-ルメートルの法則が見つかり，アインシュタインは，宇宙定数の考えを撤回したんですね。
ところが！
アインシュタインが宇宙定数を考えだしてから約80年もの歳月を経て，宇宙空間の斥力効果は，ダークエネルギーと名を変えて，宇宙論に復活したのです。
現在，「ダークエネルギーは数学的には宇宙定数と同じもの」という考えが，有力な説の一つになっています。

◀ うわ〜。
アインシュタイン，生涯最大のあやまりどころか，予言してたんですね！　宇宙，深すぎます……。

そうなんです。そのうえ，現在は，ダークマターとダークエネルギーの二つが宇宙の成分の大部分を占めていると考えられているんですよ。
先ほど少し触れましたが，この宇宙には，目で見える物質（原子からなる物質など）の5倍以上の量のダークマターが存在していると考えられているんです。

そんなに多いんですか!?

はい。さらに，物質の質量はエネルギーに換算して考えることができます。
宇宙に存在する物質をエネルギーに換算して，ダークエネルギーと比較すると，全宇宙の68.3％をダークエネルギーが占めていることになります。さらに，ダークマターは26.8％を占めており，目で見える物質はわずか4.9％にすぎません。

この宇宙の成分の95％が正体不明!?

そうです。私たちは宇宙の成分の95％をまだ知らないのです！

宇宙のこと，ほとんどわかってないってことですね。

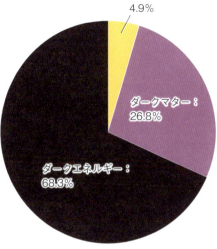

◀ その95%の謎を解き明かすために，今も科学者たちは研究に取り組んでいるんですよ。

宇宙は,どこまで広がっているのかわからない

◀ 宇宙のことって,実はまだほとんどわかっていないって,結構衝撃です。
ちなみに先生,**宇宙ってどこまでつづいているんですか?**
それから,宇宙の外側ってどうなってるんですか?

◀ うーん,非常にむずかしい質問ですね。
では,ここで,宇宙に**果て**や**外側**があるのか,ということについて考えていきましょう。

◀ お願いします!

◀ 2時間目でもお話ししたように,私たちの観測できる宇宙の果ては,約138億年前に**宇宙背景放射**が放たれた場所です。
でも,宇宙空間はそのずっとずっと先まで広がっていると考えられています。

◀ 宇宙空間は,観測できる範囲をこえて,広がっているんですね。でも,観測範囲をこえて,ずーっと進みつづければ,いつかは宇宙の**端**に行き着くんでしょうか?

◀ 直接観測できないだけに,はっきりとしたことはわかりません。
ただ,宇宙の"形"について,現在,二つの可能性が考えられています。
一つは,宇宙が**無限**に広がっている可能性です。この場合,**宇宙に果てはありません。**

◀ 無限に広がる……。

◀ 二つめは,宇宙の大きさは**有限**だが,**果て(端)がない**という可能性です。
たとえば,地球の表面積は無限ではなく有限です。しかし地球の表面に,果て(端)とよべるような特別な場所は存在しません。

◀ たしかに地球上では,ずーっと同じ方向にまっすぐすすめば,1周してもどってきますもんね。

◀ 同様のことが,宇宙にもあてはまるかもしれないんです。

◀ **宇宙も!?**
宇宙も丸いということですか?

◀ ええ,その可能性が考えられています。

3時間目 宇宙には"謎"が満ちている

◀ 地球の表面は **2次元**(縦・横)で,宇宙は **3次元**(縦・横・高さ)というちがいはありますが,実際の宇宙も,地球の表面のように有限で,果て(端)がない構造になっているのかもしれないのです。

もし宇宙がそのような構造なら,出発地点から飛びだした宇宙船が,宇宙をぐるりと1周まわって戻ってくるというようなこともありえます。

出発地点からまっすぐ同じ方向に進みつづける。

出発地点

宇宙を1周して戻ってくる?

 ◀ へええ〜。もし宇宙が**有限**だったら,宇宙全体はどれくらいの大きさがありそうなんでしょうか?

◀ それは、わかりませんね。ただ、私たちが現在観測可能な範囲は、宇宙全体から見れば、**ごくわずかな領域**と考えられています。なぜなら、もし観測可能な範囲が宇宙の全体より大きかったり、かなりの部分を占めていたりしたら、銀河や宇宙背景放射の見え方に、特徴的なパターンがあらわれるはずだからです。

◀ 特徴的なパターン？

◀ たとえば宇宙全体が観測可能な範囲よりも十分小さければ、ある銀河から出た光が地球に到達したあと、さらに宇宙を1周して再び地球に到達する、というようなことがおこりえます。つまり、同じ銀河から出た光が何度も見える、というような状況です。これまでの観測では、そのようなパターンは発見されていません。
だから、たとえ有限だとしても、宇宙全体は、観測可能な範囲よりも、かなり大きい可能性が高いとされているんです。

◀ 無限にしても有限にしても、とにかく**宇宙は途方もなくでかい！** ということですね。

宇宙空間は，曲がっている可能性がある

宇宙が有限か無限か，果てがあるのかないのか，それを明らかにするヒントは，宇宙の**曲率**です。曲率とは，空間の曲がり具合のことです。アインシュタインが提唱した一般相対性理論によると，空間は"曲がる"ことが可能なのです。

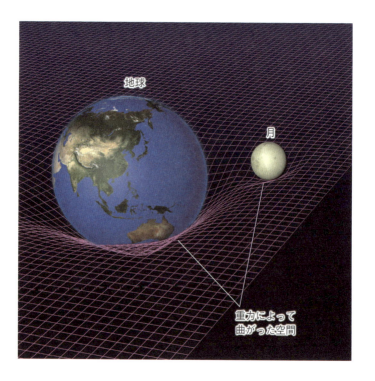

地球

月

重力によって曲がった空間

空間が，曲がるぅ!?

単に空間の曲がり具合といっても理解しにくいので、地球の表面のような**2次元**の面を例に考えてみましょう。
地球は球ですから、**3次元**の世界に暮らす私たちから見ると、地球の表面は曲がっています。

ええ、あたり前です。

しかし2次元の世界に暮らす"2次元人"が地球の表面に住んでいるとしたら、自分の暮らす地球の表面が曲がっていることを実感できるでしょうか？

たしかに、私たち自身は地球が球であることをなかなか実感できませんね。
地球の表面からはなれることができなければ、地表が曲がっているなんて、なかなかわからないと思います。

そうなんです。地上に貼りついた**"2次元人"**から見れば、地球の表面が曲がっているということは実感できないのです。
そして、"2次元人"にとって地球の表面がまっすぐに見えるように、3次元の世界に暮らす私たちは、3次元の空間が曲がっていたとしても、そのことを実感することはできません。

ただし,実感はできなくても,3次元の空間が曲がっていることをたしかめるすべはあります。
たとえば**三角形**をえがいてみると,その場所の**曲率**,すなわち曲がり具合を知ることができるのです。

2次元人が住む球面の世界

角C=120度

小さな三角形の内角の和はほぼ180度(少しだけ180度より大きい)

角A=90度

角B=90度

えっ,三角形で?

三角形の内角の和は,曲がっていない空間では180度となりますが,曲がった空間では,180度より小さくなったり,大きくなったりするんです。

◀ どういうこと !?

 ◀ 3次元の宇宙の曲率のちがいは，イラストではあらわせないので，3次元の宇宙を，2次元の面に見立てて考えてみましょう。
まず，曲率がゼロの宇宙は，<u>平坦な平面</u>に見立てることができます。この平面に三角形をえがくと，内角の和は180度になります。

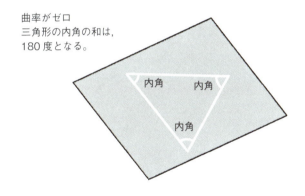

曲率がゼロ
三角形の内角の和は，
180度となる。

 ◀ 一方，曲率が正の宇宙は，<u>球の表面のような曲面</u>となります。ここに三角形をえがくと，内角の和は180度より大きくなります。

曲率が正
三角形の内角の和は，180度をこえる。

◀ ああ，なるほど！

◀ さらに，曲率が負の場合は，馬の鞍のような曲がった空間になります。このとき，三角形の内角の和は180度より小さくなります。

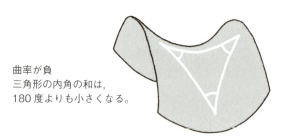

曲率が負
三角形の内角の和は，180度よりも小さくなる。

◀ このように，三角形の内角の和が曲率によって変化する性質は，実際の3次元空間でも成り立ちます。

じゃあ、もし宇宙で三角形をえがければ、曲率がわかるわけなんですね。

ええ、そうなんです。宇宙背景放射の詳細な分析結果などから、少なくとも観測可能な範囲の宇宙については、**曲率がほぼゼロ**であることがわかっています。しかし観測結果には誤差があるので、現段階では、曲率が正の可能性も負の可能性もしりぞけられません。

もし宇宙の曲率がわかったとして、そこから何がわかるんですか？

まず、宇宙の**曲率が正**であったとすると、宇宙の大きさは**有限**で**果て（端）がない**ことになります。2次元で考えた場合の球の表面と同じように考えることができるためです。

じゃ、曲率がゼロや負の場合は？

曲率がゼロの宇宙と曲率が負の宇宙の場合は、話がややこしくなります。これらの場合、宇宙は「**大きさが無限**」である可能性と、「**大きさは有限だが果て（端）はない**」可能性があります。

うーむ。なかなか一筋縄ではいかないですねぇ。

宇宙の大きさが無限か有限か，決着はついていない

◀ 曲率が正の宇宙は，球のような形になる，ということはなんとなくイメージがつきました。でも曲率がゼロ，あるいは負の宇宙でありながら，「**大きさが有限で果てのない宇宙**」とは，どのようなものでしょうか？

◀ では，**曲率がゼロの宇宙**を例に考えてみましょう。
曲率ゼロの宇宙を2次元でえがくと，**平らな紙**のようになります（下のイラスト）。
この紙の上辺と下辺をつなげて**円柱**にします。すると，この紙の上で上方向に進んでいくと，やがて紙の下側から出てくることになります（次のページ，上のイラスト）。つまり，「大きさは有限でかつ上下方向に果てはない」わけです。

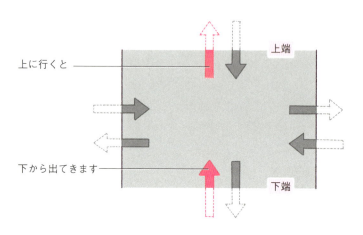

上に行くと
下から出てきます
上端
下端

長方形の上端と下端がくっついた状態。上下方向に果て（端）は存在しなくなる。

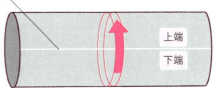

 でも左右方向に端があるじゃないですか。

 では，左辺と右辺もぴったりとくっつけて**ドーナツ状**にしてしまいましょう。

すると，「紙の上下方向だけでなく，左右方向にも果て（端）がない」ということになります。このような宇宙こそ，<mark>**大きさは有限で果て（端）のない宇宙です。**</mark>

上下，左右に端が存在しなくなる。

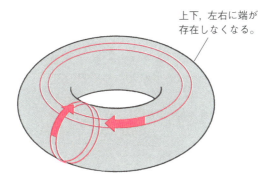

3時間目 宇宙には"謎"が満ちている

宇宙はぺらぺらの紙みたいで、それが丸められて、ドーナツ状になってるってこと……？
不思議すぎる！

同様の性質をもった宇宙は、曲率が負の宇宙でも実現可能なことがわかっています。
つまり、**曲率がどうであっても、有限で果て（端）のない宇宙は可能なのです。**

なるほど。
ところで先生、これまでのケースは、果て（端）のない宇宙ばかりでしたけど、果て（端）がある宇宙を考えることはできないのですか？

果て（端）のある宇宙は、どのような構造であれ、ある地点で空間がぷっつりと途切れることになってしまいます。空間がぷっつりと途切れる宇宙は、物理的におこりそうにありません。そのため、宇宙はそのような構造にはなっていないと考えられています。

結局、実際の宇宙はどのパターンなんでしょう？

宇宙の形や、有限か無限かについては、観測で明らかになっていることはありません。
ただし、宇宙が無限に大きいのなら、無限の大きさをもつものがどのようにして誕生したのかという、非常にむずかしい問題が生じます。

◀ なんだか，頭がこんがらがってきました。

◀ ここまでの結論をまとめておきましょう。
宇宙の大きさが有限か無限かはわかっていません。無限であれば果てはありません。有限であっても，端という意味での果ては存在しないと考えられています。
また，有限である場合でも，宇宙の大きさは，少なくとも観測可能な138億光年の範囲よりは十分に大きいはずです。

● ポイント

・宇宙の曲率が正の場合
宇宙は大きさが有限で，果て（端）はない。

・宇宙の曲率がゼロまたは負の場合
大きさが無限で果て（端）がない可能性と，大きさが有限で果て（端）がない可能性の両方が考えられる。

いずれの場合も，物理学的に宇宙空間の果て（端）はないと考えられている（有限か無限かのちがいはある）。

宇宙の外側にも，別の宇宙が存在しているのかもしれない

◀ 宇宙は無限に広がっている可能性もあるけど，大きさは有限かもしれないんですね。
宇宙が有限の場合，**宇宙の外**があるはずですよね。宇宙の外側には何があるのでしょうか？

◀ その前に，**宇宙の外はない**んです。

◀ えっ？

◀ 「外側に何かある」という考えは，そこに空間が存在することを前提にしています。しかし，「宇宙の外側」という空間はありえないんです。なぜなら，もしそこに空間があるのならば，そこは依然として宇宙の中のはずだからです。

◀ 宇宙の大きさが有限なら，外側があってもおかしくなさそうですけど……。

◀ 宇宙の外側を無理矢理いいあらわすとしたら，空間も時間も存在しない"無"としかいえないでしょうね。

◀ そういえば2時間目で，「宇宙は無から誕生した」って説明がありましたね。

よく覚えていましたね。
実は，無から宇宙が誕生した，という説にともなって，面白い説が提唱されているのでここで紹介しましょう。
それは，「無」から誕生した宇宙は，私たちの宇宙だけだとはかぎらないという考え方です。つまり「無」は，たくさんの宇宙を生みだしたかもしれないというのです。

たくさんの宇宙⁉

宇宙というものが，私たちの所属するこの宇宙だけではないという考え方は，現代の宇宙論のさまざまな場面で見られます。矛盾を含んだいい方ではありますが，宇宙の"外側"には，別の宇宙が存在している可能性があるのです。

無から誕生するたくさんの宇宙

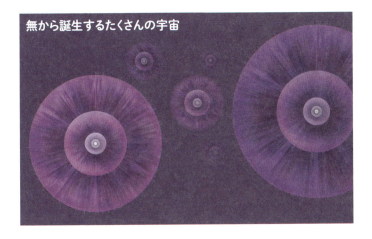

通常，宇宙を英語でユニバースといいますが，このような，複数存在する宇宙のことを**マルチバース**，もしくは**多宇宙**とよんでいます。
マルチバースについては，「無」から宇宙が誕生する際だけでなく，別の段階でもたくさんの宇宙が生みだされる可能性が指摘されています。たとえば**インフレーション**によって生みだされる多宇宙がそれです。

あっ，「インフレ」ですね！

そう，宇宙が誕生の直後に経験したとされる，とてつもない勢いの急膨張のことでしたね。
理論予測によると，インフレーションの発生や終了のタイミングで，宇宙の各場所で"**ずれ**"が生じた可能性が高いのです。
そしてそこから，餅を焼いたときにぷうっとふくらむように，**「親宇宙」から「子宇宙」が生まれ，さらに「孫宇宙」ができるといった具合に，まるでいくつもの「こぶ」のように，多宇宙が形成されたかもしれないのです。**

次々にふくらんで宇宙が生まれたなんて，面白い！

こうして形成された多宇宙は，当初は**ワームホール**とよばれる"トンネル"によってつながっています。

◀ しかし，**ワームホールはすぐに切れて，たがいに行き来できない別の宇宙となると考えられます。**

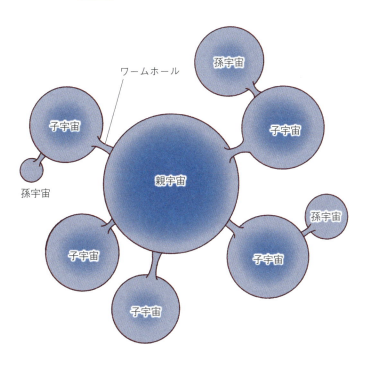

 ◀ じゃ，じゃあ，その分離した宇宙と宇宙の間には何があるんですか？

 ◀ 無です。

 ◀ やっぱり無！

◀ 別の宇宙があるとして、その存在をたしかめることはできないんですか？

 ◀ 一般的には、別の宇宙を観測することはできないと考えられています。理論的に別の宇宙が存在している可能性が高くても、それらを実際に確認する手段がないのです。

 ◀ 無理なんですか……。

 ◀ そもそも私たちは、138億年前に宇宙背景放射が放たれた場所よりも遠くを見ることができません。
そして別の宇宙は、少なくとも、私たちの観測可能な宇宙よりも遠方にあるはずです。

 ◀ じゃあ、観測可能な範囲の外側には、別の宇宙があるかもしれないんですね。

 ◀ いいえ。たんに人類の観測可能範囲の向こう側に行ったところで、そこは私たちの宇宙と空間がつながっていますから、別の宇宙ではありません。
私たちの宇宙と別の宇宙との間には、隔たりがあるはずです。

 ◀ うーむ。

◀ 自分たちの宇宙ですら、観測可能な範囲の**限界**があるために、その果てを見ることはできません。
ましてや、果ての外側にあるかもしれない別の宇宙を直接観測することなどできないのです。

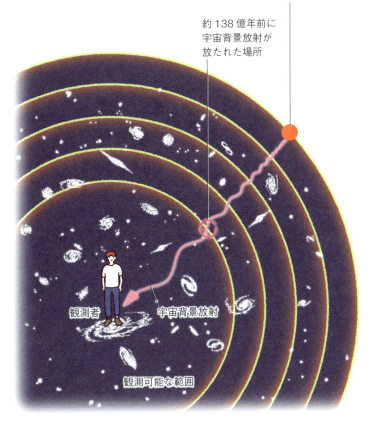

宇宙背景放射が放たれた場所の現在の位置

約138億年前に宇宙背景放射が放たれた場所

観測者

宇宙背景放射

観測可能な範囲

3時間目 宇宙には"謎"が満ちている

4 時間目

宇宙の未来

宇宙にも終わりがやってくる

遠い未来には，天体のほとんどが死に絶え，暗く寂しい宇宙になるといいます。宇宙はいったい，どのような終焉をむかえるのでしょうか。

数十億年後，天の川銀河とアンドロメダ銀河が大衝突

◀ ここまで，宇宙の謎や長い長い歴史を見てきました。
いよいよ最後となる4時間目のテーマは，**宇宙の未来**です。

◀ 宇宙は壮大すぎて，もうフラフラです〜。
でも！ 宇宙の未来はすごく気になります！

◀ そうでしょう。ではまず，今から数十億年後におきる，**天の川銀河とアンドロメダ銀河の衝突**についてお話ししましょう。
私たちがくらす天の川銀河の"近所"にある大銀河，アンドロメダ銀河は現在，地球から約250万光年先にあり，秒速約100キロメートル以上で，天の川銀河に接近していることがわかっています。

140

◀ 数十億年後に,天の川銀河とアンドロメダ銀河は大衝突を開始すると考えられているんです。

アンドロメダ銀河

天の川銀河

◀ 銀河の衝突‼
いったいどんなことが起きるんでしょうか⁉

◀ 衝突がはじまったころに夜空を見上げると,大きな領域をアンドロメダ銀河が占めることになるでしょう。
また,アンドロメダ銀河と天の川銀河が衝突をはじめると,銀河内のガスが圧縮されて,恒星が活発に生まれます。そのため,地球から見た星空は賑やかになるはずです。

◀ うわ～! そんな夜空,実際に見てみたいけれど……,でも銀河が衝突するって大変なことじゃないですか?

▶ 星が粉々にくだけちったりして，それが地球に降り注いできたりするんでしょうか!?

▶ いいえ，そのようなことはおきないでしょう。銀河の中で，恒星どうしは遠くはなれています。

天の川

◀ たとえば，太陽から最も近い恒星（ケンタウルス座プロキシマ星）でも，4.2光年もはなれています。
これは太陽を直径1センチのビー玉とすると，約300キロはなれていることに相当します。

アンドロメダ銀河

4時間目 宇宙の未来

◀ このように銀河はスカスカなので、銀河どうしが「衝突する」といっても、**恒星どうしが衝突することはほとんどありません。**

◀ えっ、星はぶつからないの？

◀ はい。両銀河は衝突後、たがいの重力の作用で大きく形をくずしながらも、"**すり抜ける**"ことになります。
このような銀河どうしの衝突は、実際の天文観測でも見つかっています。

◀ 単にすり抜けるだけなら安心ですね。

◀ ただし、天の川銀河とアンドロメダ銀河の衝突では、たがいの形が大きく変化すると予想されています。
146〜147ページのイラストに、今後約60億年にわたる衝突の経過を示しました。まず、両銀河の星々は、銀河が衝突してもたがいを"**すり抜ける**"と考えられています（イラスト2〜3）。**このとき、銀河の構造は大きく乱れます。相手の銀河の重力の影響を受けて、それぞれの星の運動が変化するのです。**

◀ どっちの銀河も形が崩れてしまうんですね。

はい。そうやってすり抜けて距離が開きます。ハーバード大学のチームが2008年に行ったコンピューターシミュレーションによると，**両銀河がすり抜けたあと，太陽系がアンドロメダ銀河に"持って行かれる"可能性も，約3％ほどあるそうです。**

持って行かれる!?

はい。その場合，人類が存続していたら，現在の地球からは見ることのできない天の川銀河の全貌を，外からながめることができるかもしれませんね。
ただし衝突によって，天の川銀河の形は大きく崩れているはずですが。

天の川銀河の全貌が見える！
でも数十億年後かぁ……。

さて，**一度はすり抜けて距離がはなれた両銀河は，たがいの重力によって引き合い，ふたたび接近します**（4〜5）。

えっ，もう一回衝突するんですか!?

はい。**二つの銀河はこうした衝突をくりかえしていくんです。**

◀ もともと渦を巻いていた両銀河の形は，衝突のたびに大きく崩れていきます。
そして約60億年後，最終的に両者は一つにまとまり，巨大な「楕円銀河」になると考えられています(7)。

約47億年後
アンドロメダ銀河

約40億年後
アンドロメダ銀河

約39億年後
アンドロメダ銀河

現在

天の川銀河

天の川銀河

天の川銀河

3. 通り抜けて遠ざかる

2. 中心部の衝突

アンドロメダ銀河

1. 銀河が接近

約 60 億年後

約 56 億年後

約 51 億年後

アンドロメダ銀河

7. 巨大楕円銀河へ

6. 渦がほぼ消失

天の川銀河

5. 2 度目の衝突

天の川銀河

4. ふたたび接近開始

4
時間目

宇宙の未来

1000億年後，超巨大銀河が誕生

◀ 時代は一気に飛んで，**1000億年後**の宇宙です。このころには，たくさんの銀河が合体して，**超巨大楕円銀河**が誕生すると考えられています。

◀ 超巨大楕円銀河!?

◀ はい。アンドロメダ銀河と天の川銀河は，**局所銀河群**とよばれる，数十個の銀河からなる小規模な集団に属しています。まず，この局所銀河群が合体していきます。
さらに，宇宙には，100〜数千個の銀河からなる，銀河群よりもさらに巨大な**銀河団**が無数に存在しています。この銀河団の中の銀河も互いに合体・衝突をくりかえし，合体していきます。そして1000億年ごろに，最終的に銀河団が一つにまとまってできるのが，この超巨大楕円銀河です。

◀ ひょえ〜！
宇宙に存在する無数の銀河がどんどん集まってまとまっていくんですね。

◀ そうです。
さらに，宇宙には，銀河団より大規模な**超銀河団**などの構造もあります。

しかし、重力によって結びついている宇宙最大の構造は銀河団なので、それより大きな構造は、宇宙の膨張の効果が重力に勝って、たがいにはなれていくため、将来的に一つの巨大な銀河にまとまることはないと考えられています。

へええ……。

銀河群や銀河団が超巨大楕円銀河へと成長した1000億年後ごろになると、**超巨大楕円銀河の外は、非常にさびしい世界になってしまいます。** というのも、見える範囲には、ほかの銀河が一つも存在せず、超巨大楕円銀河が、宇宙の中で孤立してしまうと考えられているんです。

広大な宇宙空間の中に、銀河がポツンと一つある感じですか。

はい。それに加えて、宇宙は膨張しているため、**ほかの銀河が、観測可能な範囲の外に追いやられてしまうのです。** もし、宇宙の膨張速度が今と同じままであれば、1000億年後であろうとも、超巨大楕円銀河は宇宙の中で孤立することはありません。しかし、宇宙の膨張速度は加速していることがわかっています。

現在観測可能な宇宙の範囲は138億光年でしたね。

◀ そのため,となりの超巨大楕円銀河ですら,遠ざかる速さがどんどん増していき,ついには,観測可能な範囲の外に出てしまうと考えられているのです。

◀ 銀河自体は遠くはなれていくとしても,光だけはずっと届き続けるとかはないんですか?

◀ たとえば,超巨大楕円銀河Aに自分たちがいたとします。
そして別の超巨大楕円銀河Bがあるとします。**1000億年後の宇宙では,空間の膨張が速すぎて,超巨大楕円銀河BがAから遠ざかる速度は,見かけ上,光の速度をこえてしまいます。つまり,超巨大楕円銀河AからBを見ることは不可能なのです。**

◀ 光の速度をこえる!?
光の速度って,自然界の中で最も速いと習いました。それをこえるって,ありうるんですか?

◀ たしかに,「物体の運動の速さは光の速度をこえることはない」という自然界の法則はあります。しかし,銀河が遠ざかる速さは,空間の膨張という"みかけ上の速さ"なので,光速をこえたとしても,この法則に反しているわけではないのです。

恒星の材料が宇宙からなくなっていく

さて,超巨大銀河が孤立化したあと,さらにはるかな年月を経て,銀河を構成している恒星たちもやがてなくなっていきます。

恒星まで!?

恒星の寿命は,軽いほど長いことが知られています。
太陽程度の重さなら,寿命は100億年ほどです。太陽の半分程度の重さの恒星なら,寿命は600〜900億年ほどになると考えられ,現在の宇宙年齢(138億歳)を大きくこえます。さらに軽い恒星では,寿命はもっとのびると考えられています。

でも,星が寿命を迎えたとしても,ファーストスターみたいに,世代交代をするんじゃないんですか。

ええ,そうなんです。
最期をむかえる恒星は,宇宙空間にガスを放出します。そしてそのガスが,新たに誕生する次の世代の恒星の材料になります。つまり,星は世代交代をくりかえしていくことになるわけです。

◀ しかし、恒星の世代交代は永遠にはつづきません。
恒星の"燃料"がしだいに宇宙からつきていくため、やがて恒星が誕生しづらくなっていくのです。

◀ 燃料？

◀ 恒星の輝きの源は、中心部でおきている核融合反応です。燃料となる水素などの軽い元素の原子核がぶつかり合い、融合することで、より重い元素（原子番号の大きな元素）の原子核がつくられます。1時間目でもお話ししたように、誕生直後の宇宙に存在する元素は、ほとんどが水素でした。その後、酸素や炭素、鉄といった、より重い元素がつくられていきました。
このように、星の誕生と死がくりかえされると、恒星の燃料となる軽い元素は、しだいに少なくなっていきます。そうして、新たな恒星が生まれづらくなり、銀河は輝きを弱めていくことになるんです。

◀ 「燃料」を使いはたしてしまうんですね。

◀ その通りです。こうして恒星が新たに誕生しづらくなり、だんだんと宇宙は暗くなっていくでしょう。

4時間目 宇宙の未来

10兆年後，長寿命の恒星が死に，宇宙は輝きを失う

◀ 恒星がいなくなるのは，いつごろなんでしょうか？

◀ 太陽の質量の8～50％程度の軽い恒星は，赤くて暗く，**赤色矮星**とよばれています。この赤色矮星が宇宙で最も長寿命の恒星で，寿命は最長で**10兆年程度**にも達すると考えられています。

そのため，**星の燃料となる軽い元素が銀河内でつきてくると，赤色矮星が銀河の輝きの大部分をになうようになっていき，銀河はどんどん暗くなっていきます。**

輝く星が赤色矮星ばかりになった超巨大楕円銀河

暗くなった超巨大楕円銀河

赤色矮星すら燃えつき，ほぼ真っ暗になった超巨大楕円銀河

◀ 寿命が10兆年って……。超長寿命ですね。

◀ ええ。宇宙は誕生してまだ138億年ですから，赤色矮星の寿命は，途方もない年月だといえます。
しかし，それでも寿命は有限です。そのため，**10兆年程度後には，赤色矮星すら燃えつき，銀河，そして宇宙は，ほとんど輝きを失ってしまうと考えられます。**
なお，太陽の質量の8％未満のさらに軽い星は，**褐色矮星**とよばれます。持続的に核融合反応をおこせないため，恒星にはなれません。

◀ 赤色矮星が燃えつきたあと，宇宙にはどんな天体が残っているんですか？

◀ この段階で銀河に残っている天体は，大小さまざまなブラックホール，重い恒星の残骸である**中性子星**，軽い恒星の残骸である白色矮星が冷えて暗くなった天体（「黒色矮星」とよばれることもあります），そして褐色矮星や惑星，衛星，小惑星などです。

◀ 中性子星？

◀ 中性子星とは，元の恒星の中心部が重力によって収縮してできる，**超高密度な天体**です。

4時間目 宇宙の未来

◀ 大部分が，原子核の構成要素の一つである中性子からできており，密度は1立方センチメートルあたり約10億トンにも達します。

 ◀ 重っ！　どの天体も光らないんですか？

 ◀ はい。みずから輝くことはありません。
でも時おり，宇宙のどこかで輝きが放たれることもあると考えられています。ブラックホールが天体を飲み込んだり，天体どうしが衝突したりする際に，輝きを放つことがあるためです。

 ◀ ずいぶんと荒涼とした，寂しい感じになってしまうんですね……。

天体を飲み込むブラックホール

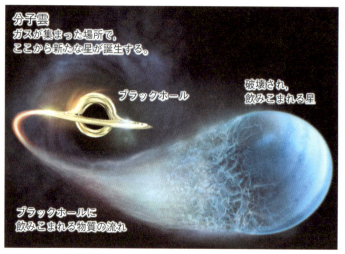

10^{20}年後の宇宙は，ブラックホールだらけ

◀ さて，ここからはいよいよ**宇宙の終わり**に向かいます。

◀ **宇宙の終わり……。**
一体どうなっていくんでしょうか？

◀ まず，**銀河はしだいに"蒸発"して小さくなっていきます。**
銀河も永遠の存在ではありません。
銀河を構成している天体たちは，銀河の中でじっとしているわけではなく，つねに動いています。
たとえば，私たちの太陽系も，天の川銀河の中を2億数千万年の周期で公転しています。
こうした天体どうしは，まれに接近遭遇することがあります。すると，たがいの重力の影響を受けて，その軌道が変わり，銀河の中心に向かって"落下"したり，遠くに飛んでいったりします。こういったことがくりかえされることで，銀河から天体が消え去ってしまうのです。
このように，銀河から天体が消えていくのは，**10^{20}年後**（1垓（がい）年後。1垓は1兆の1億倍）ごろだと考えられています。

◀ 1兆の1億倍……！　とほうもなく遠い未来なんですね。

157

◀ 一方，このような宇宙の中で，不気味に成長をつづけていく天体があります。
それは**ブラックホール**です。

 ◀ ブラックホールは，星が死んだときに生まれる天体でしたね。

 ◀ はい。重い星が死にたえた銀河では，たくさんのブラックホールが誕生しています。さらにブラックホールは，その強烈な重力で銀河の多くの物質を飲み込みながら"太って"いきます。

 ◀ **ブラックホールが太る……！**

 ◀ 飲み込んだ天体の質量の分だけ，ブラックホールはその大きさを増していくんですね。とくに，銀河の中心の**巨大ブラックホール**は，通常のブラックホールより，はるかに大きな質量をもっています。たくさんの銀河が合体してできる未来の超巨大楕円銀河の中心にも，巨大なブラックホールが鎮座しているはずです。

 ◀ なんか，こわいなぁ～！

 ◀ 銀河の中心に落ちていった天体の多くは，最終的には，銀河中心のブラックホールに飲み込まれてしまいます。

◀ さらに,小さなブラックホールも巨大ブラックホールに吸収されます。こうして銀河中心の巨大ブラックホールは,どんどんその大きさを増していくのです。

10^{34}年後,原子が消えてなくなってしまう

◀ ブラックホールから逃れ,どうにか生きのびる天体たちもあるでしょう。しかし,そのような天体たちも,遠い将来には消滅してしまうと考えられています。
というのも,ブラックホール以外の天体は,基本的に原子からできています(中性子星は例外で,原子の構成要素の一つである中性子が主な構成要素です)。その原子自体が,いずれ崩壊すると考えられているんです。

◀ 原子が崩壊!?

◀ はい。原子は,原子核とその周囲に分布する電子からできています。
原子核はプラスの電気をおびた陽子と,電気をおびていない中性子が複数集まって構成されています。この陽子が,将来壊れてしまうと考えられているのです。

中性子は単独だと不安定で、15分程度で複数の粒子に崩壊してしまいます。一方で、陽子は本来、非常に安定した粒子で、壊れることはほとんどありません。

 安定なはずの陽子が壊れちゃうんですか。

 そうなんです。素粒子物理学の**大統一理論**という理論によると、**陽子も非常に長い年月がたつと、別の粒子へと崩壊すると予想されているんです。**これを**陽子崩壊**といいます。

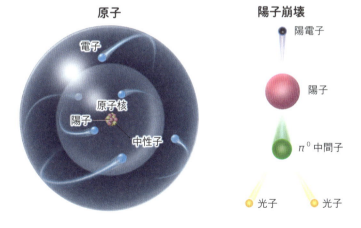

 陽子崩壊がおきると、原子核の中の中性子や、中性子星を形づくっている中性子も安定した状態ではいられず、いずれ崩壊してしまいます。

そして原子核中の陽子や中性子が崩壊していけば、いずれ原子は消滅してしまいます。すると、**原子からできている天体などのあらゆる物体も消滅していくことになります。**

陽子がなくなるのはいつごろなんですか？

陽子の崩壊はまだ実験的に観測されておらず、寿命はよくわかっていませんが、**10^{34}年**（1兆年の1兆倍の100億倍）程度か、それ以上ではないかと考えられています。
つまり10^{34}年後以降、宇宙からは陽子や中性子が消えていき、その結果あらゆる天体・物体が消滅していくことになります。

原子の消滅によって小さくなっていく → 完全に消滅

岩石でできた小惑星

◀ 宇宙空間は**なーんにもない状態**になるのですね。

◀ いいえ，陽子崩壊のあとでもブラックホールはしばらく残っているでしょう。

◀ **ブラックホールだらけの宇宙！**

10^{100}年後，ブラックホールが消える

◀ さて，次は**ブラックホールの最期**を見届けましょう。

◀ ブラックホールも消えるんですか？

◀ はい。周囲に飲み込む物がなくなると，ブラックホールはそれ以上大きくなれなくなります。すると，ブラックホールは"蒸発"によって，少しずつ小さくなります。

◀ **ブラックホールも蒸発する!?**

◀ はい。**ブラックホールの蒸発とは，ブラックホールが光や電子などを放出して，少しずつ軽く，小さくなっていく現象のことです。**
ミクロな世界の物理学量子論にもとづいた現象で，**スティーブン・ホーキング**（1942～2018）によって理論的に予言されました。

スティーブン・ホーキング
（1942～2018）

◀ ブラックホールって，光や物質を飲み込むものですよね。
それが光などを放出するって，なんだか不思議ですね。

◀ たしかに不思議に思われるかもしれませんね。たとえば炭などの物体は，熱すると赤くなって光を発します。これは**熱放射**とよばれる現象です。ブラックホールの蒸発も一種の熱放射とみなせるんです。

ブラックホールも熱をもっているんですか？

 ええ，ある種の温度をもっているんですよ。ですが，通常のブラックホールの温度はとても低いので，熱放射の検出はできません。

ブラックホールの温度は，ブラックホールが軽い（質量が小さい）ほど高くなります。そのため，蒸発の速度は，はじめはとてつもなくゆっくりですが，蒸発がすすんで質量が小さくなるにつれ徐々に温度が上がって，蒸発のスピードを増していくことになります。

蒸発ははげしさを増し，最終的には爆発のようないきおいで，光やさまざまな素粒子を放出し，そして消滅すると考えられています。

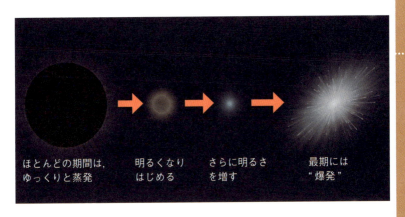

ほとんどの期間は，ゆっくりと蒸発 → 明るくなりはじめる → さらに明るさを増す → 最期には"爆発"

なんだかドラマチックだなあ……。
ちなみに, ブラックホールが蒸発しつくすまで, どれくらいの時間がかかるんですか?

それは途方もない年月がかかります。
まず, 太陽の質量程度の軽いブラックホールの場合だと**約10^{67}年**にもなります。
銀河の中心に君臨する巨大ブラックホールの場合だと, さらに膨大な年月がかかります。そのような巨大ブラックホールが蒸発しつくして消滅するまでには, ざっと**10^{100}年**かかると予想されています。

もう, 想像が追いつかないですね……。

そして, **10^{100}年後には, ブラックホールも消え, 宇宙は素粒子が飛びかうだけの世界となってしまいます。**

たしか, 誕生直後の宇宙も素粒子が飛びかうだけの世界でしたよね。
10^{100}年かけて, 元と似たような世界にもどるわけですね。

そういうことですね。**ただし, 宇宙は膨張をつづけているので, 10^{100}年後の世界は途方もなく広く, 素粒子の密度が薄められた, さびしい世界だといえるでしょう。**

宇宙はほぼ空っぽになり，時間が消滅する

さて，ここまでの話を少し振り返りましょう。
10^{34} 年後以降，陽子が崩壊し，原子は消滅してしまいます。
また，10^{100} 年後ごろになると，ブラックホールも蒸発しつくし，宇宙から天体とよべるものがなくなります。
すると，宇宙はいくつかの素粒子が飛びかうだけの世界となってしまいます。

10^{34} 年後以降
陽子が崩壊して原子が消滅。

10^{100} 年後
ブラックホールが蒸発して消滅。
素粒子だけの世界となる。

原子が消滅してしまっているから，目に見えるようなものは何も残っていないわけですね。

そうです。
この段階で残っているのはすべて素粒子で，電子，電子の反粒子である陽電子（反電子），光（電磁波），電気的に中性の素粒子であるニュートリノ，そしてダークマターの粒子くらいだと考えられます。

◀ これらの素粒子が壊れることはないんですか？

◀ これらは，崩壊しない，安定な素粒子だと考えられています。
ただし，宇宙の加速膨張がつづいていくと，素粒子の密度はゼロに近づいていき，素粒子どうしが近づくことさえほぼなくなっていきます。ブラックホールが消滅しつくしたころ（10^{100}年後ごろ）には，宇宙はほとんど空っぽといえる状態になっているといえるでしょう。

◀ 宇宙が空っぽ……。

◀ このような宇宙では，何も変化がおきません。時間がたっても何も変わらないわけですから，時間が意味をなさなくなります。事実上の「時間の終わり」といえるでしょう。

◀ 変化がなくなり，時間が終わる……。

◀ このような宇宙の終わりはビッグフリーズ（Big Freeze）やビッグウィンパー（Big Whimper）などとよばれています。
フリーズは「凍結」，ウィンパーは「すすり泣き」を意味します。

◀ これが今のところ、最も可能性の高い、**宇宙の終わりのシナリオ**です。

◀ 時間も意味を失うとは……。
まさに、すべてが**無に帰す**わけですね。

● ポイント

宇宙の終わりシナリオ①
ビッグフリーズ（Big Freeze）
ビッグウィンパー（Big Whimper）
宇宙が膨張をつづけた結果、ほとんど空っぽになって終わる。

宇宙は生まれ変わる!?

◀ 私たちの宇宙は終わりをむかえました……。
しかし、ビッグフリーズに達した宇宙は、さらに遠い将来、「小さな宇宙に生まれ変わる」という予言をしている研究者もいます。1982年に、「宇宙は空間も時間も存在しない"無"から生まれた」とする「**無からの宇宙創生論**」を提唱した、理論物理学者**アレキサンダー・ビレンキン博士**（1949〜）らです。

アレキサンダー・ビレンキン博士
（1949〜）

◀ 宇宙が**生まれ変わる!?**

◀ はい。ビッグフリーズに達した宇宙は，**トンネル効果**とよばれる現象によって，**「ミクロサイズの宇宙に"生まれ変わる"可能性がある」**と，ビレンキン博士らは理論的な計算によって導きだしたのです。
専門的な内容なので，ざっくりと説明すると，たとえば，高い壁の向こうにボールを投げ入れたいのですが，高くてこえることができません。壁にボールをぶつけても，当然跳ね返ってきてしまいます。
ところが，**ミクロの世界をあつかう量子論によると，素粒子レベルでは，あたかもトンネルを抜けるように粒子が壁をすり抜ける現象がおこりうるのです。**これがトンネル効果です。

◀ ボールが壁をすり抜けて反対側にいけるわけですか？

そうなんです。そしてこのトンネル効果によって，ビッグフリーズに達した宇宙が大きな"壁"をこえてミクロな宇宙に転生すると考えられているのです。転生したミクロな宇宙は，ダークエネルギーと似た，空間を加速膨張させるエネルギーに満ちたものになります。
しかもダークエネルギーよりも圧倒的に大きなエネルギーをもち，猛烈ないきおいで空間が膨張していきます。
これは，宇宙誕生時におきたとされる**インフレーション**と同様のものです。
そしてインフレーションはいずれ終わりをむかえ，**新たな宇宙の歴史**がスタートすると考えられます。

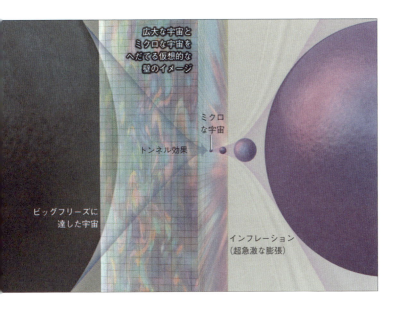

4時間目 宇宙の未来

宇宙の終わりはダークエネルギーしだい

ここまで紹介したビッグフリーズ以外にも，宇宙の終わりについての**シナリオ**は，いくつか考えられています。つまり，宇宙がどんな未来を歩んでいくのかは，実は，よくわかっていないんですよ。

空っぽになって終わるだけじゃないかもしれないんですね！

そうなんです。そして，宇宙がこの先どうなるのか，その鍵を握るのは**ダークエネルギー**だと考えられています。

正体がわかっていない**謎のエネルギー**ですよね。それが宇宙の運命の鍵を？

ダークエネルギーは，宇宙空間をあまねく満たしていて，**このダークエネルギーが，宇宙の膨張を加速させている可能性があるとお話ししましたね。**
ダークエネルギーは普通の物質とはちがって，空間が膨張しても薄まらない，すなわち**密度が変わらないと考えられています。**つまり，**空間が増えた分だけ，ダークエネルギーはどこからともなく，"わきでてくる"わけです。**

◀ わきでてくる!? 不気味ですね。

通常の物質は、空間が膨張すると密度が下がる

通常の物質のガスが満ちた空間

膨張

ガスの密度は下がる

ダークエネルギーは空間が膨張しても密度が減らない

ダークエネルギーが満ちた空間

膨張

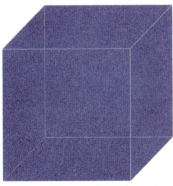

ダークエネルギーの密度は変わらない

◀ ただし、今後、宇宙が膨張をつづけたときに、ダークエネルギーの密度が本当にまったく変わらないのか、それともわずかに変化するのかは、よくわかっていません。

これまでの天文観測では、ダークエネルギーの変化は誤差範囲で、密度は**ほぼ一定**のようです。しかし、より精密に測定すれば、わずかにダークエネルギーの密度が**変化**していることが判明する可能性もゼロではありません。

そして、**宇宙の運命は、ダークエネルギーの"密度"によって、大きく変わってくる可能性があるのです。**

◀ ダークエネルギーの"密度"が鍵なんですね。

◀ そうです。まず、ダークエネルギーの密度がつねに一定の場合、宇宙の加速膨張は将来にわたって同じようにつづくことになります。こうしてむかえる宇宙の最期が、先ほどお話ししたビッグフリーズです。

◀ ダークエネルギーの密度が一定だったら、宇宙は最終的に空っぽになって終わるわけですね。

◀ そうです。
一方、仮にダークエネルギーの密度が時間とともに増えていた場合、宇宙膨張の加速はさらにいきおいを増していくことになります。

ダークエネルギーの密度：一定
→加速膨張がつづく

ダークエネルギーの密度：増加
→これまでを上まわる急激な膨張をする

◀ 逆にダークエネルギーの密度が時間とともに減っていた場合は，宇宙膨張の加速がいきおいを弱めていくことになります。

ダークエネルギーの密度：減少
→膨張のいきおいがどんどん弱まる

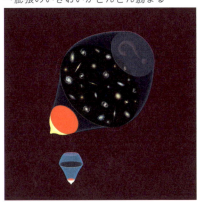

4時間目 宇宙の未来

◀ ダークエネルギーの密度の変化によって，宇宙膨張の加速度が変わってくるんですね。

◀ その通り。
そして，**宇宙の膨張の加速度によって，宇宙の最期がそれぞれちがってくるんです。**
まずは，ダークエネルギーの密度が，今後増えていく場合の宇宙の未来を見てみましょう。
現在，宇宙は膨張していますが，銀河や太陽系，そして物質自体が膨張することはありません。これは空間の膨張の効果よりも，重力や電気的な引力によって大きさを保とうとする効果の方が勝っているためです。
しかし，ダークエネルギーの密度が増えていく場合，これが成り立たなくなります。

◀ えっ！

◀ まず，宇宙膨張の効果はいずれ銀河団を構成している銀河どうしの重力の効果を上まわり，銀河団をちりぢりにしてしまいます。
その後，銀河を恒星している恒星たちもちりぢりになり，さらに時間が進むと太陽系のような惑星系もちりぢりになってしまいます。
そして，さらには地球などの固体の物質も膨張して破壊され，最終的には原子や原子核すらも膨張して破壊され，素粒子レベルまでバラバラになってしまいます。

◀ 素粒子レベルまでバラバラ!?

◀ はい。<mark>あらゆる構造が空間の膨張によって引き裂かれ，空間の膨張速度は無限大に達し，宇宙は終焉をむかえるのです。</mark>
このような宇宙の終わりはビッグリップ（Big Rip：rip=引き裂く）といいます。

● ポイント

宇宙の終わりシナリオ②
ビッグリップ（Big Rip）
空間の膨張速度は無限大に達し，宇宙は引き裂かれて終焉をむかえる

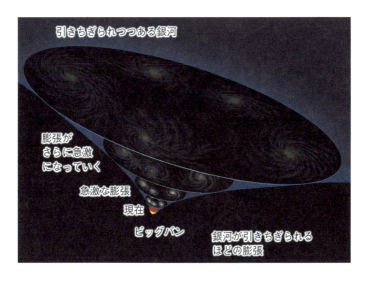

◀ ビッグリップは，一概にはいえませんが，どんなに早くても1000億年以上は先になると考えられています。

◀ 引き裂かれるなんて，こわすぎです！

◀ 次は，ダークエネルギーの密度が今後<u>減少していく場合</u>の未来も考えてみましょう。
ダークエネルギーの密度の減少の割合が小さければ，宇宙の膨張は永遠につづき，密度が一定のときにあゆむ宇宙の未来とあまり変わりありません。
<mark>しかしダークエネルギーの減少の割合が極端に大きいと，</mark>宇宙の膨張はいずれ止まり，その後，<u>収縮</u>に転じます。

◀ 収縮！ イヤだなぁ。宇宙が収縮しはじめるとどうなるんですか？

◀ 宇宙が収縮していくと，銀河はどんどん合体していきます。そして，銀河中心のブラックホールは，銀河の星々などを飲み込んでいき，巨大化していきます。
そして宇宙は，<u>巨大なブラックホールだらけ</u>になります。
一方で，収縮にともなって，宇宙の温度は上がっていきます。その結果，宇宙は<u>超高温</u>の世界と化し，宇宙全体が<u>光り輝く</u>ことになります。

◀ この超高温の宇宙の中で，巨大ブラックホールどうしは合体していき，最終的には宇宙空間全体が1点に収縮し，つぶれて終焉をむかえます。このような宇宙の終わりは**ビッグクランチ（Big Crunch）**とよばれています。

● ポイント

宇宙の終わりシナリオ③
ビッグクランチ（Big Crunch）
宇宙空間全体が1点に収縮し，つぶれて終焉をむかえる。

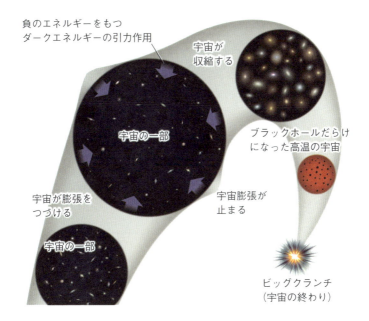

◀ バラバラになるか,つぶれるか。どっちの未来も恐ろしいなあ。

◀ なお,現代物理学では,ビッグクランチ後の宇宙がどうなるかは解明できていません。
ビッグクランチのあと,宇宙は"はね返り"(ビッグバウンス:Big Bounce)をおこし,収縮から膨張に転じるという考え方もあります。
この場合,宇宙は,「ビッグバン→膨張→収縮→ビッグクランチ→ビッグバン→膨張→収縮→ビッグクランチ→……」というサイクルをくりかえすことになります。
このような考え方は,サイクリック宇宙論とよばれています。

◀ 何度も転生をくりかえすってことですか？

◀ そういうことになりますね。しかし，これもあくまで仮説です。
ビッグクランチは，全宇宙が「大きさゼロの点」につぶれる現象です。大きさゼロの点の密度は，計算上無限大となります。このような点を特異点といいます。

◀ しかし，無限大の密度をもつ特異点では，既存の物理法則が成り立つかどうかも分からないため，その後何がおきるのかを解き明かすことはできないのです。

◀ 物理法則が成り立たない？

◀ はい。現在，重力の理論として使われているのが，アインシュタインの一般相対性理論です。この一般相対性理論は，密度が無限大の場合をあつかうことができず，計算不能に陥ってしまうのです。
そこで，物理学者たちは，一般相対性理論と，ミクロな世界の物理学の理論である「量子論」を融合させた量子重力理論を使わないと，特異点で何がおきるのかを解明できないと考えています。

◀ 解明する理論は,ちゃんとあるんですね。

◀ いいえ,量子重力理論はいくつかの候補が研究されているものの,まだ**未完成**なんです。
この理論の有力な候補の一つが,素粒子はミクロな"ひも"でできているとする**超ひも理論（超弦理論）**です。

◀ 量子重力理論が完成したら,宇宙の未来も解明されるわけなんですね。

◀ はい。宇宙誕生時もミクロな点からはじまったと考えられており,宇宙誕生の謎を解明するためにも,量子重力理論は必要だと考えられています。
物理学者たちは,量子重力理論の完成を夢見て,日々研究に取り組んでいます。
というわけで,いくつかの宇宙の未来についてのシナリオを見たところで,この本はおしまいです。

◀ こんなにテクノロジーが発達している時代なのに,いまだにほとんど解明できていないなんて……。すごいなあ〜! 宇宙への興味がますます深まりました!
先生,**どうもありがとうございました!**

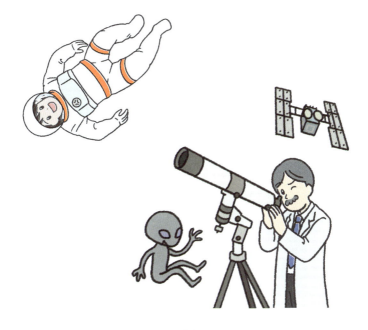

4時間目 宇宙の未来

Staff

Editorial Management	中村真哉
Editorial Staff	井上達彦, 宮川万穂
Cover Design	田久保純子
Design Format	村岡志津加（Studio Zucca）

Illustration

イラスト着彩	羽田野乃花,	35～36	松井久美	117～123	松井久美,
	松井久美	38	羽田野乃花,		Newton Press
表紙カバー	松井久美,		松井久美	120～133	Newton Press
	羽田野乃花	42～49	羽田野乃花	124	松井久美
生徒と先生	松井久美	51	松井久美	125～129	松井久美,
10～15	松井久美	54～65	羽田野乃花		Newton Press
16～19	羽田野乃花	67～71	松井久美	133～137	羽田野乃花
21	松井久美	74～89	Newton Press	140～162	Newton Press
18	羽田野乃花	92～93	松井久美	164	松井久美
22-23	Newton Press	96	羽田野乃花	165	Newton Press
24	松井久美	98	羽田野乃花,	170	松井久美
26-27	小林 稔		松井久美	171	Newton Press
30	羽田野乃花	99	Newton Press	179～180	飛田 敏
31	松井久美	101	小林 稔	183	松井久美
34	Newton Press	105～113	羽田野乃花		

監修（敬称略）：
吉田直紀（東京大学大学院教授）

本書は主に『東京大学の先生伝授 文系のためのめっちゃやさしい 宇宙』を再編集したものです。

知識ゼロから楽しく学べる！
ニュートン先生の

2025年4月10日発行

発行人	松田洋太郎
編集人	中村真哉
発行所	株式会社 ニュートンプレス 〒112-0012 東京都文京区大塚3-11-6
	https://www.newtonpress.co.jp/

© Newton Press 2025 Printed in Japan
ISBN978-4-315-52903-6